MATLAB

在电气工程中的综合应用

主 编 王少夫

北京师范大学出版集团
BEIJING NORMAL UNIVERSITY PUBLISHING GROUP
安徽大学出版社

图书在版编目(CIP)数据

MATLAB 在电气工程中的综合应用/王少夫主编. —合肥:安徽大学出版社,2019.2
(2020.7 重印)

ISBN 978-7-5664-1811-1

Ⅰ. ①M… Ⅱ. ①王… Ⅲ. ①Matlab 软件－应用－电工技术 Ⅳ. ①TM－39

中国版本图书馆 CIP 数据核字(2019)第 052480 号

MATLAB 在电气工程中的综合应用

王少夫 主编

出版发行:北京师范大学出版集团
安 徽 大 学 出 版 社
(安徽省合肥市肥西路 3 号 邮编 230039)
www.bnupg.com.cn
www.ahupress.com.cn

印　　刷:合肥创新印务有限公司
经　　销:全国新华书店
开　　本:184mm×260mm
印　　张:14.75
字　　数:315 千字
版　　次:2019 年 2 月第 1 版
印　　次:2020 年 7 月第 2 次印刷
定　　价:45.00 元
ISBN 978-7-5664-1811-1

策划编辑:刘中飞　张明举　　　　　装帧设计:李　军
责任编辑:张明举　　　　　　　　　美术编辑:李　军
责任印制:赵明炎

前　言

  MATLAB 是 Mathworks 公司于 1984 年开发的科学计算软件,最初主要用于矩阵数值的计算,随着它的内容不断扩充,功能逐渐强大,应用范围也越来越广泛。目前,MATLAB 主要应用于电力电子、自动控制、信号处理、图像处理、神经网络、模式识别、小波分析、数理统计、生物信息等专业领域,已经发展成为一种十分有效的工具,能轻松地解决工程设计领域中遇到的数学问题,使用者可以从烦琐的计算中解放出来。本书是作者总结 MATLAB 在电气工程中的应用经验编写而成,是一本实践性很强的图书。

  本书由浅入深地介绍了 MATLAB 运算及仿真操作,并针对电子电路分析、自动控制理论、电机及其控制、电力电子以及电力系统分析等工程问题进行举例。本书既突出了理论的物理知识,又能使读者在实践中掌握相关工程研究的基本概念、基本方法和基本应用,使之达到学以致用的目的。另外,电子电路、自动控制原理、电机及其控制、电力电子以及电力系统分析是电气工程专业的主干课程。将 MATLAB 仿真引入上述课程的教学与实验环节,可以加深学生对相关原理、公式的理解,激发学生的学习兴趣,帮助学生有效掌握相关课程知识,并为其他课程学习奠定基础。

  在本书编写过程中,坚持以培养学生分析问题、解决问题的能力为中心思想。在应用方面,强调各个章节所用内容的完整性和典型性;在内容的设置方面,充分体现了电气工程专业的特色;在案例来源方面,既突出实用性和可借鉴性,又凸显对读者分析问题和解决问题能力的培养。

  本书在编写的过程中参考了相关文献,在此向这些文献的作者表示感谢,并感谢安徽科技学院给予出版经费的支持。由于编者水平有限,书中难免有不妥之处,恳请专家和读者批评指正!

编　者

2018 年 12 月

目 录

第 1 部分 基础篇

第 2 部分　应用篇

第 **1** 部分 基础篇

MATLAB在电气工程中的综合应用

MATLAB ZAI DIANQI GONGCHENG ZHONG DE ZONGHE YINGYONG

第1章　MATLAB 简介

MATLAB 是 Matrix Laboratory 的缩写，它是一种数值计算和图形图像处理工具软件，它的特点是语法结构简明、数值计算高效、图形功能完备、易学易用。它在矩阵代数、数值计算、数字信号处理、神经网络控制、动态仿真等领域都有广泛的应用。历经多年的发展和竞争，已成为国际认可（IEEE）的最优化的科技应用软件。

由于 MATLAB 提供了一个人机交互的数学系统环境，并以矩阵作为基本的数据结构，可以大大节省编程时间。在各类大学中，MATLAB 受到了师生的欢迎和重视。由于它将使他们从繁锁且重复的计算中解放出来，使他们能有更多的精力投入到对数学基本含义的理解上，因此，熟练运用 MATLAB 已成为大学生必须掌握的基本技能。在设计研究单位和工业部门，MATLAB 也已成为必备软件和标准软件。

1.1　MATLAB 特点

MATLAB 具有以下特点：

(1)友好的工作平台和编程环境；

(2)简单易用的程序语言；

(3)强大的科学计算及数据处理能力；

(4)出色的图形处理功能；

(5)具有丰富的模块集和工具箱以及系统级的仿真。

1.2　MATLAB 基本操作入门

本节介绍如何以不同方式进入和退出 MATLAB、MATLAB 的命令和窗口环境、MATLAB 指令行操作和演示程序等。为了能够更快地理解和掌握MATLAB 执行命令的方式，还将介绍一些简单的例子，通过这些例子可以很快体会到 MATLAB 对计算和图形的操作确实方便快捷。

1.2.1　MATLAB 启动方法

在 Windows98/2000XP 环境下，常用如下两种方法启动 MATLAB。

　　方法一：用快捷方式启动。

　　(1)启动 Windows；

　　(2)双击 MATLAB 图标，进入 MATLAB 的命令窗口，此窗口也称作工作窗口(见图 1-1)。

图 1-1　MATLAB 的命令窗口

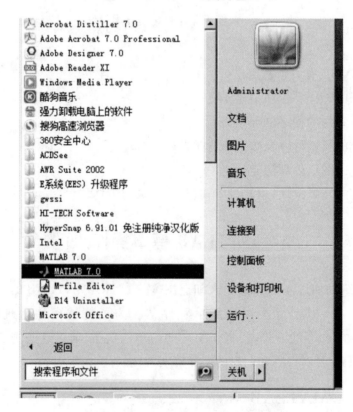

图 1-2　从开始菜单进入 MATLAB 的命令窗口

方法二:以菜单方式启动 MATLAB

(1)启动 Windows;

(2)单击[开始];

(3)依次选择[程序],见图 1-2,进入 MATLAB 的命令窗口。

说明:MATLAB 命令窗口上方的两行文字是初始提示信息。可以在第三行键入命令。

1.2.2　MATLAB 退出方法

有多种退出 MATLAB 的方式,常用如下五种方法退出 MATLAB:

方法一:在 MATLAB 命令窗口的 "File" 菜单下选择"Exit MATLAB ";

方法二:使用快捷键"Ctrl+q";

方法三:在 MATLAB 的命令窗口输入"Quit"或"exit" 命令;

方法四:用鼠标单击 MATLAB 命令窗口右上角的 ;

方法五:用鼠标单击 MATLAB 命令窗口左上角的 。

1.2.3　MATLAB 应用实例

为了能够更快地理解和掌握 MATLAB 执行命令的方式,下面介绍一些简单的例子,通过这些例子可以很快体会到 MATLAB 对进行计算和图形操作方便快捷。

在 MATLAB 的命令窗口中分别输入下面几个例子的程序。

【例 1.1】　输入命令:

>> v=eye(3,4) %3×4 对角线为 1 的矩阵。

运行后输出结果如下:

v=1 0 0 0

0 1 0 0

0 0 1 0

【例 1.2】　输入命令:

>> s1='Hello';s2='every';s3='student';

s=[s1,',',s2,' ',s3],ss=s(1:5)

运行后输出结果如下:

s = Hello,every student

ss = Hello

【**例 1.3**】　输入命令：

```
>>clc
clear all;
n=3;dphi=(-1:0.01:1)*n*2*pi;
%清除变量,条纹的最高阶数,相差向量
I0=4;%一条缝的光强
i=I0*cos(dphi/2).^2;%干涉的相对强度
figure
subplot(2,1,1)
plot(dphi,i,'Linewidth',2);grid on;axis tight
set(gca,'XTick',(-n:n)*2*pi);%设置水平
刻度
fs=14;
title('光的干涉强度分布','FontSize',fs)
xlabel('相差\Delta\it\phi','FontSize',fs);
ylabel('相对强度\itI/I\rm_0','FontSize',fs);
subplot(2,1,2)
c=linspace(0,1,64)';%颜色的范围
colormap([c,0*c,0*c]);%形成红色色图
image(i*16);%画条纹
axis off,title('光的双缝干涉条纹','FontSize',
fs)
```

运行后输出如图 1-3 所示。

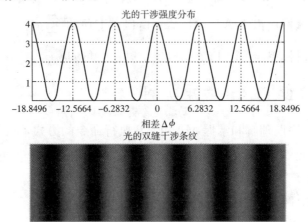

图 1-3　例 1.3 的图形

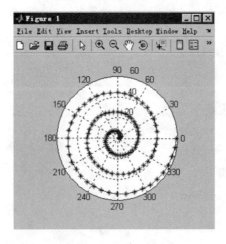

图 1-4　例 1.4 的图

【例 1. 4】　输入命令：

```
>>t=0:pi/20:6*pi;a=2;b=3;        polar(t,r,'-*');
r=a+b*t;
```

运行后输出如图 1-4 所示。

【例 1. 5】　作下面函数的图形。

$$z = \frac{\sin \sqrt{x^2 + y^2}}{\sqrt{x^2 + y^2}}, \ -7.5 \leqslant x \leqslant 7.5, \ -7.5 \leqslant y \leqslant 7.5 .$$

解:用以下程序实现：

```
>> x=-7.5:0.05:7.5; y=x;        Z=sin(R)./R;
[X,Y]=meshgrid(x,y);            mesh(X,Y,Z)
R=sqrt(X.^2+Y.^2)+eps;          shading interp;
```

运行后输出如图 1-5 所示。

【例 1. 6】　作动画。

解:用以下程序实现：

```
>>[x,y]=meshgrid(-3:0.1:3,       [az,el]=view
-2:0.1:2);                       view(az+180,el)
z=sin(x.^2)+cos(y.^2);           for i=1:10:360, view(az+i,30),
axis([-3 3 -2 2 -0.7 1.5])       pause(0.1), end
surf(x,y,z);shading interp;
```

运行后输出如图 1-6 所示。

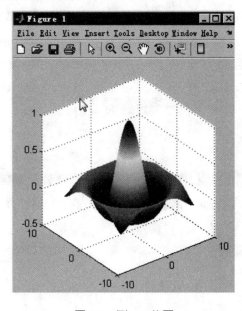

图 1-5　例 1. 5 的图

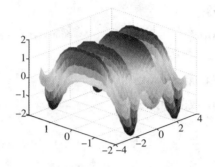

图 1-6 例 1.6 的图

1.3 MATLAB 命令和窗口

MATLAB 是一个标准的 Windows 界面,可以利用菜单中的命令完成对命令窗口的操作。它的使用方法与 Windows 的一般应用程序相同,其窗口如图 1-7 所示。下面对菜单进行介绍。

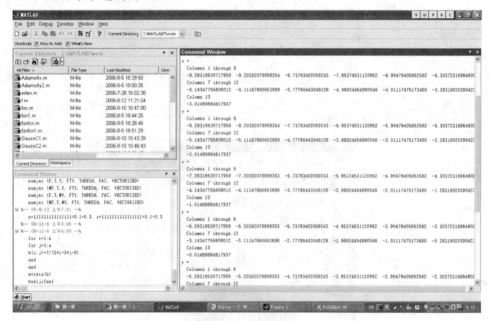

图 1-7 MATLAB 窗口

1.3.1 M 文件

M 文件有两种类型:文本 M 文件和函数 M 文件。

1.3.1.1 文本 M 文件

一个比较复杂的程序常常要做反复的调试,这时不妨建立一个文本文件把它储存起来,方便随时调用。建立文本文件可以在 File 菜单中选择 New,再选择 M-file,这时 MATLAB 将打开一个文本编辑窗口,在这里输入命令和数据。储存时文件名遵循 MATLAB 变量命名的原则,但必须以 m 为扩展名,其一般形式为：＜M 文件名＞. m。

1.3.1.2　函数 M 文件

函数 M 文件是另一类 M 文件,可以根据需要建立自己的函数文件,它们能够像库函数一样方便地调用,从而极大地扩展 MATLAB 的能力。如果对于一类特殊的问题,建立起许多函数 M 文件,就能最终形成独立的工具箱。

函数 M 文件的第一行有特殊的要求,其形式为

function ＜因变量＞＝ ＜函数名＞(＜自变量＞)

其他各行为从自变量计算因变量的语句,并最终将结果赋予因变量。而这个 M 文件的文件名必须是＜函数名＞. m。

函数 M 文件中的变量一般是局部变量,它们的变量名独立于目前的工作区和其他的函数。对于 5.0 以上的版本,在工作区和函数的定义中可以用 global 命令把某些变量说明为全局变量。当 MATLAB 执行到 M 文件名的语句时,它首先搜索当前工作区中的变量和内建的命令,然后搜索有无内部函数以此命名,最后在搜索路径的目录中寻找以此命名的 M 文件。

一般情况下 MATLAB 不显示 M 文件中的内容,不过命令 echo on 可以让 MATLAB 显示 M 文件中的命令,并且用命令 echo off 关闭显示。在 M 文件中还可以引用其他 M 文件,包括递归地引用自己。

1.3.2　File 菜单

File 菜单的内容如表 1-1 所示。

表 1-1　File 菜单的使用

菜单命令	功　能
New	建立 M 文件、建立图形、建立 Simulink 模块
Open	打开已知文件
Open Selection	打开指定文件
Run Script	运行已有的 M 文件
Load Workspace	将文件中的内容放入 MATLAB 的工作区中
Show Workspace As	将 MATLAB 工作区中的内容放入文件
Show Workspace	显示 MATLAB 工作区
Show Graphics Property Editor	显示图形属性编辑器
Show GUI Layout Tool	显示 GUI 界面布局管理器

续表

菜单命令	功　能
Set Path	设置工作路径
Preferences	定义工作环境
Print Setup	打印设置
Print	打印
Print Selection	打印指定的文件
Exit MATLAB	退出 MATLAB

1. 3. 2. 1　New 选项

File 菜单下的子菜单 New 有三个选项,下面分别介绍它们的功能。

(1) "M-file" 选项。

该选项是子菜单 New 的三个选项之一。用"M-file"新建一个 M 文件,该命令将打开 MATLAB 的 M 文件编辑/调试器,参看图 1-8。通过它们,可以创建和编辑 M 文件,调试 MATLAB 程序。所谓的 M 文件就是用 MATLAB 语言编写的程序,保存在一个以 .m 为后缀文件名的文件中,可以在 MATLAB 工作窗口运行其文件名调用此程序。

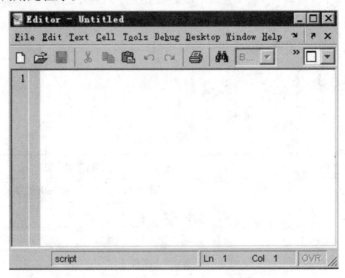

图 1-8　M 文件编辑/调试器

(2) "Figure" 选项。

在 MATLAB 命令窗口执行 New -"Figure"命令可以产生一个图形窗口,参见图 1-9。执行一次 close 命令,关闭一个当前的图形窗口;若要关闭所有的窗口,可使用 close all 命令。

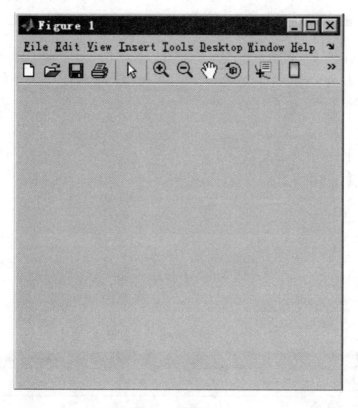

图 1-9　图形窗口

图形窗口中每个图标的功能如表 1-2 所示：

表 1-2　图形窗口中每个图标的功能

图　标	功　　能
▲	允许对图形进行编辑
A	在图形窗口中添加文字
↗	在图形窗口中添加坐标轴等带箭头的线段
／	在图形窗口中添加线段
🔍	在图形中单击鼠标左键，放大图形
🔍	在图形中单击鼠标右键，缩小图形
↻	允许把图形旋转为三维图形

（3）"Model" 选项。

该选项新建一个 Simulink 模型窗口（参见图 1-10），并且显示 Simulink 模块库浏览器（参见图 1-11）。Simulink 是对动态系统进行建模、仿真和分析的一个软件包。

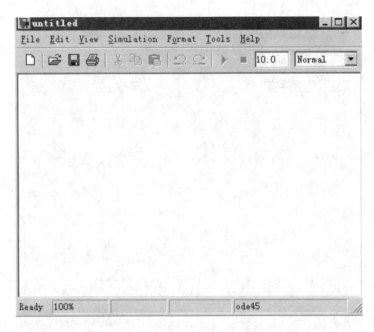

图 1-10 新建 Simulink 模型窗口

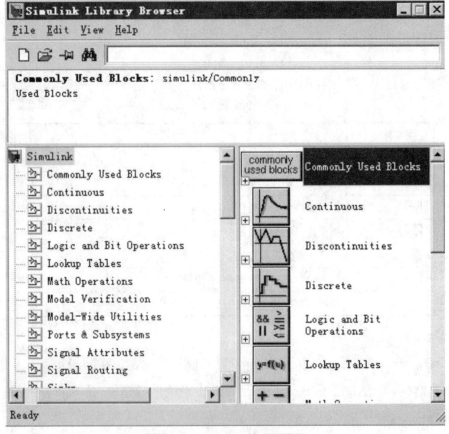

图 1-11 Simulink 模块库浏览器

1. 3. 2. 2　Open 选项

单击 Open 菜单，弹出打开文件对话框（如图 1-12 所示）。可以搜寻并打开 MATLAB 的 M 文件所在的目录，选中该文件，再单击"打开"按钮，即可打开 MATLAB 文件（如图 1-13 所示）。

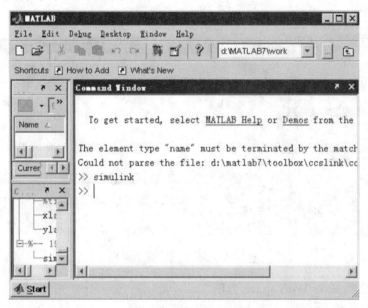

图 1-12　单击 Open 菜单

图 1-13　打开 MATLAB 文件

1.3.2.3　Load Workspace 选项

Load Workspace 选项是用来将 MATLAB(数据)文件中的内容载入到工作空间。单击该选项打开一个 Load. mat file 对话框(参见图 1-14),在目录框中列出所选目录中后缀为 mat 的文件。选中某个文件后,将把该文件中保存的变量载入到当前工作空间。

图 1-14　Load. mat file 对话框

1.3.2.4　Save Workspace 选项

Save Workspace 选项的功能是使用二进制的 . mat 文件保存 MATLAB 工作区的内容,把当前工作空间的所有变量用后缀为 ∗. mat 的文件保存起来。单击该选项将弹出一个目录框(参见图 1-15),用户通过该目录框选择文件的存储目录和名字。

图 1-15　目录框

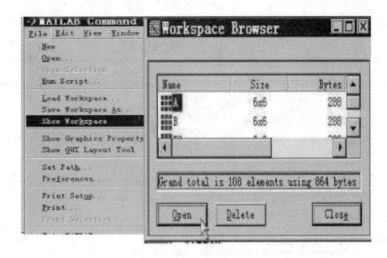

图 1-16 变量浏览器

1.3.2.5 Show Workspace 选项

单击 Show Workspace 选项将打开变量浏览器(参见图 1-16)。变量浏览器中显示当前工作空间中所有变量的类型,大小及占用的存储空间。

1.3.3 Edit 菜单

Edit 菜单中的命令与 Windows 界面中的 Edit 菜单中的命令的使用方法大部分相同(参见图 1-17)。

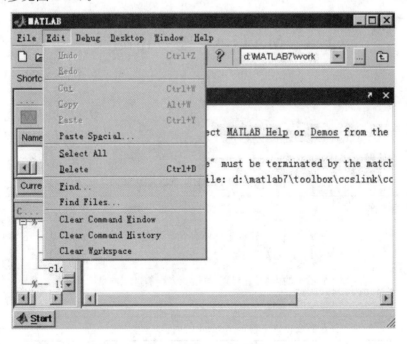

图 1-17 Edit 下拉菜单

下面将 Edit 菜单的各项功能列入表 1-3 中进行介绍。

表 1-3　Edit 菜单的各项功能

菜单命令	功　　能
Undo	撤消上一步的操作
Cut	将选中内容删除,放入剪贴板
Copy	将选中内容放入剪贴板,但不删除所选内容
Paste	将剪贴板的内容放入 MATLAB 工作窗口
Clear	清除工作空间中的变量
Select All	选中命令窗口中的所有内容
Clear Session	清除命令窗口里所有显示的内容

【例 1.7】　在 MATLAB 工作区中输入命令。

$\gg$ x=pi,y=2^(1/2),z=sqrt(2),t=1/3,

运行后输出结果如下：

x = 3.1416

y = 1.4142

z = 1.4142

t = 0.3333

再试用 Edit 菜单的各项功能。

1.4　MATLAB 指令行的操作

1.4.1　MATLAB 工作区

MATLAB 工作区是用来接受 MATLAB 命令的内存区域,可以在工作区中用命令实现表 1-4 中的功能。

表 1-4　MATLAB 工作区的功能

指令名称	指令功能
who 或 whos	显示在当前工作区中的所有变量名,前者显示变量名,后者还显示变量的大小、字节数和类型
disp(x)	显示 x 的内容,它可以是矩阵或字符串
which	显示 M 文件 test. m 的目录
type test	在命令窗口下显示 test. m 的内容

指令名称	指令功能
cd,chdir,pwd	显示目前的工作目录
load(文件名)	调出 mat 文件中的数据。也可以调出文本文件,但是文本文件只能是由数字组成的矩阵形式
diary	建立一个文本文件,记录在 MATLAB 中输入的所有命令和它们的输出,但是不能包括图形。如果想把输入存入一个特定的文件中,可使用 diary filename 建立文件。使用 diary off 命令可以停止记录
what	返回目前目录下 M,MAT,MEX 文件的列表
echo	控制运行文字指令是否显示
clc	擦除 MATLAB 工作区中所有显示的内容
clf	擦除 MATLAB 工作区中的图形
hole	控制当前图形窗口对象是否被刷新
dir,ls	列出指定目录下的文件和子目录清单 path,显示目前的搜索路径,可以用 File 菜单中的 Set Path 观察和修改路径
pack	搜集内存碎块以扩大内存空间
quit	退出工作区,也可选择 File 菜单中 Exit 命令

1.4.2　应用举例

【例 1.8】 作曲面 $z = x^2 - y^2$ 在 $-500 \leqslant x \leqslant 500, -500 \leqslant y \leqslant 500$ 时的图形。

解:作曲面 $z = x^2 - y^2$ 的图形在 MATLAB 工作区输入以下程序实现:

```
>>x=-500:20:500;y=x;          Z=X.^2-Y.^2;
[X,Y]=meshgrid(x,y);          mesh(X,Y,Z)
```

运行后屏幕显示曲面 $z = x^2 - y^2$ 的图形(参见图 1-18)。

【例 1.9】 绘制 MATLAB 的图标。

解:在 MATLAB 工作区输入以下程序实现:

```
>> load logo
Surf(L,R),colormap(M),n=length(L(:,1));
Axis off,axis([1 n 1 n -.2 .8]),view(-37.5,30)
Title('MATLAB. The Language of Technical Computing')
```

运行后显示 MATLAB 的图标如图 1-19 所示。

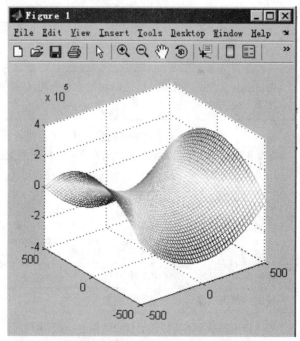

图 1-18　曲面 $z = x^2 - y^2$ 的图形

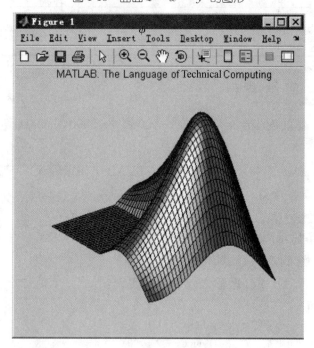

图 1-19　MATLAB 的图标

【例 1.10】　计算下列表达式的结果：

(1) $y = \dfrac{5\sin(0.2\pi)}{1+\sqrt{17}}$ ；(2) $y = \dfrac{4\sin(0.2\pi)}{1+\sqrt{3}}$ 。

解:(1)在 MATLAB 命令窗口中输入:

$\gg$ y=5 * sin(0.2 * pi)/(1+sqrt(17))

运行后输出计算结果,

y = 0.5737;

(2)计算出第一个表达式的结果后,再计算第二个表达式的结果。

按↑键(或用 Ctrl+p),调出上次的输入。用 ← 或→ 移动光标,将 5 改为 4, 17 改为 3。按 Enter 键,MATLAB 给出计算结果,

y = 0.8606。

1.5　MATLAB 在线帮助系统

MATLAB 提供了大量的函数和命令,如果想记住所有的函数及其调用格式几乎是不可能的。为此,MATLAB 提供了非常方便的在线帮助功能,用户可以容易地获得对想查询的各个函数的信息。在线查询可以通过命令 help 来实现。

1.5.1　查询某一命令或函数

如果要对某一命令或函数进行查询,直接在 help 后跟上该命令或函数名即可,即用下列程序:

help 函数(命令)名

可得到帮助,例如

$\gg$ help　feval

1.5.2　查询 MATLAB 主题

单独使用 help 命令,MATLAB 将列出所有的主题。即

$\gg$ help

1.5.3　查询 MATLAB 演示主题

使用命令

$\gg$ help demos

1.5.4　查询 MATLAB 关键词

MATLAB 还提供了关键词查询命令 look for。例如,如果想查询与 complex 有关的命令和函数,则可以在 MATLAB 的工作空间中输入命令:

$\gg$ look for complex

1.5.5　使用 **help** 菜单查询

MATLAB 提供了 Windows 下的查询方法，这和一般 Windows 程序的联机帮助系统是一致的。可以使用 MATLAB 工作空间中的 help 菜单（见图 1-20）查询帮助信息。

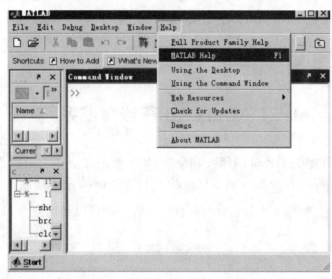

图 1-20　MATLAB help 菜单

第 2 章　MATLAB 基本语法

MATLAB 的基本语法包括其基本概念、基本运算、数据类型、常用函数、标点符号的使用以及常用操作命令和键盘使用技巧,等等,下面将对这些方面分别予以介绍。

2.1　基本概念

在 MATLAB 中,经常用到标量、向量、矩阵和数组的概念。无论在 MATLAB 中变量赋何值,在内存中均以矩阵的形式存在。

➤ 标量:是 1×1 矩阵,即只含有一个数的矩阵;

➤ 向量:是 $1 \times n$ 或 $n \times 1$ 的矩阵,即只有一行或一列的矩阵;

➤ 矩阵:是一个矩形数组,即二维数组,其中向量和标量都是矩阵的特例, 0×0 矩阵为空矩阵;

➤ 数组:数组为矩阵的延伸,其中矩阵和向量都是数组的特例。

2.2　基本运算

MATLAB 最主要的功能是数值计算。数值计算主要有以下基本运算符号,如表2-1 所示:

表 2-1　基本运算符号

符　号	功　能	实　例
＋	加法	2＋3
－	减法	2－3
＊	乘法	2＊3
/、\	除法	2/3,2\3
^	乘方	2^3

MATLAB 语句有两种常见的形式:

(1)表示式;

(2)变量＝表达式。

在第一种情况下,计算结果自动赋给名为 ans(answer)的变量;在第二种情况下,计算结果自动赋给等号左边的变量。

MATLAB 的求值次序：

（1）算式从左到右执行；

（2）运算符号中乘方的优先级最高，乘、除次之，最后是加减；

（3）括号的优先级别最高，在有多层括号的情况下，从括号的最里面到最外面逐渐扩展。

2.3　MATLAB 的数据类型

2.3.1　常　量

在 MATLAB 中有一些特定的变量（如表 2-2 所示），已被预定义为某个特定的值，因此这些变量被称为常量（预定义变量）。

表 2-2　特定的变量

变　量	功　能	变　量	功　能
ans	用作结果的默认变量	i、j	复数单位
beep	"嘟嘟"	nargin	函数输入参数个数
pi	圆周率（π）	nargout	函数输出参数个数
eps	浮点数相对误差	realmin	最小正浮点数
inf	无穷大	realmax	最大正浮点数
NaN、nan	不定数	bitmax	最大正整数

2.3.2　变　量

在程序执行过程中其值可以变化的量为变量，变量在计算机中占有一定的存储单元，在该存储单元内存放该变量的值。

MATLAB 对于变量命名有以下规则：

➤ MATLAB 不需对变量进行事先说明或指定类型；

➤ 变量名长度不超过 63 位字符（英文字母、数字、下划线）；

➤ 变量名区分大小写；

➤ 变量名必须以字母开头，变量名中可以包含字母、数字和下划线，但不得出现标点符号；

➤ 关键字不能作为变量名。

（1）who 和 whos。who 和 whos 都用来列出 MATLAB 工作区中已驻留的变量清单，但不可显示常量，而 whos 还可以列出变量的维数和性质。

例：>> who

Your variables are：

a　b

>> whos

Name	Size	Bytes	Class
a	1x801	6408	double array
b	1x801	6408	double array

Grand total is 1602 elements using 12816 bytes

（2）clear。

clear 用来清除工作区中的所有变量或部分变量，也可用来恢复常量的原值。

例：>> clear　a b

2.3.3　复数

MATLAB语言对复数的处理十分简单，在处理复数问题时，不需进行其他任何附加操作。定义复数格式如下：

z＝a＋bi 或　　z＝a＋bj

z＝a＋b∗i 或　　z＝a＋b∗j

>> a＝2＋3i

a ＝

　　2.0000 ＋ 3.0000i

>> a＝2＋3j

a ＝

　　2.0000 ＋ 3.0000i

>> b＝2＋3∗i

b ＝

　　2.0000 ＋ 3.0000i

>> b＝2＋3∗j

b ＝

　　2.0000 ＋ 3.0000i

>> a＝1

a ＝

　　　1

>> b＝1

b ＝

　　　1

注意：

　　>> c＝a＋bi

Undefined function or variable ′bi′.

只有数字才可以与 i、j 直接相连，表达式则不可以，应用"∗"相连。

2.3.4　数据的输出格式

在 MATLAB 中，数据的存储和计算都是以双精度格式进行的，如表 2-3 所示，但是用户可以改变屏幕上显示的格式，所用指令为 format。

表 2-3　数据存储精度

format format short	小数点后 4 位有效数字，大于 1000 的实数用科学记数法表示	format long	选择 15 位定点和 15 位科学记数法中更好地进行表示
format long	15 位定点数表示	format hex	使用 16 进制进行表示
format short e	5 位科学记数法表示	format bank	用元、角、分进行表示
format long e	15 位科学记数法表示	format +	显示大矩阵用，正、负、零分别用＋、－、空格表示
format short g	选择 5 位定点和 5 位科学记数法中更好地进行表示	format rational format rat	用分式表示

2.4　MATLAB 的常用函数

MATLAB 提供了丰富的函数，如表 2-4 所示，只要正确调用，便可获得正确结果。

表 2-4　MATLAB 数学函数

sin	正弦	angle	相角
asin	反正弦	conj	共轭复数
cos	余弦	imag	取复数虚部
acos	反余弦	real	取复数实部
tan	正切	fix	取整数
atan	反正切	mod	取余数
exp	指数运算	round	四舍五入
log	自然对数	sqrt	平方根
log10	以 10 为底对数	abs	绝对值

2.4.1　三角函数

$$\sin 、\cos 、\tan 、\cot 、\text{asin} 、\text{acos} 、\text{atan} 、\text{acot}$$

注意事项：

①小写。

②函数应该出现在等式的右边。

③表达式写在（　）里，例 $\sin(x)$，其余运算和数学一样。

④三角函数以弧度为单位计算。

例如：$\sin(1)$ 表示的不是 $\sin 1°$ 而是 $\sin 57.28578°$

2.4.2　指数运算函数

exp、log、log10、log2、sqrt、power

【例 2.1】　设 a＝5.67，b＝7.8，求 $\dfrac{e^{a+b}}{\lg(a+b)}$、$\ln(b-a)$、$a^b$。

>> a=5.67；

>> b=7.8；

>> exp(a+b)/log10(a+b)

ans =

　6.2677e+005

>> log(b−a)

ans =

　0.7561

>> power(a,b)

ans =

　7.5500e+005

2.4.3　复数运算函数

abs、angle、real、imag、conj、complex

>> x=1+2i；

>> abs(x)

ans =

　2.2361

>> angle(x)

ans =

　1.1071

>> real(x)

ans =

　1

2.4.4　取整求余函数

fix、round、floor、ceil、mod、rem、sign

>> x=9.8；

>> fix(x)

ans =

　9

>> round(x)

ans =

　10

>> ceil(x)

ans =

　10

>> floor(x)

ans =

　9

>> x=9.4；

>> ceil(x)

ans =

10

>> floor(x)

ans =

　9

>> x=9；

>> y=2；

```
>> rem(x,y)
ans =
    1
>> mod(x,y)
ans =
    1
>> rem(9,-4)
ans =
    1
>> mod(9,-4)
ans =
    -3
```

```
>> sign(9)
ans =
    1
>> sign(-9)
ans =
    -1
>> sign(0)
    ans =
0
```

➤ mod：不管"被除数"是正是负，"余数"的符号与"除数"的符号相同。

```
>> mod(5,2)
ans =1
>> mod(5,-2)
ans =-1
```

```
>> mod(-5,2)
ans =1
>> mod(-5,-2)
ans =-1
```

➤ rem：不管"除数"是正是负，"余数"的符号与"被除数"的符号相同。

```
>> rem(5,2)
ans =1
>> rem(-5,2)
ans =-1
```

```
>> rem(5,-2)
ans =1
>> rem(-5,-2)
ans =-1
```

【例 2.2】　计算下式的结果，其中 x=−3.5°，y=6.7°。

$$\frac{\sin(|x|+|y|)}{\sqrt{\cos(|x+y|)}}$$

```
>> x=-3.5 * pi/180;
>> y=6.7 * pi/180;
>> sin(abs(x)+abs(y))/sqrt(cos(abs(x+y)))
```

```
ans =
0.1772
```

2.5　MATLAB 的标点符号

　　MATLAB 提供了丰富的函数，只要正确调用，便可获得正确结果。MATLAB 中的标点符号如表 2-5 所示。

表 2-5　MATLAB 中的标点符号

标点符号	定　义	标点符号	定　义
;	区分行,取消运行显示等	.	小数点
,	区分列,函数参数分隔符等	…	连接语句
:	在数组中应用较多	'	字符串的标识符号
( )	指定运算优先级等	=	赋值符号
[ ]	矩阵定义的标志等	!	调用操作系统运算
{ }	用于构成单元数组等	%	注释语句的标识

2.6　常用操作命令和键盘技巧

在使用 MATLAB 编制程序时,掌握一些常用的操作命令和键盘操作技巧,可以起到事半功倍的效果,如表 2-6 所示。

表 2-6　MATLAB 常用操作命令

常用操作指令			
cd	显示或改变工作目录	clf	清除图形窗口
clc	清除工作窗	dir	显示当前目录下文件
常用键盘操作和快捷键			
↑(Ctrl+p)	调用上一行	Home(Ctrl+a)	光标置于行首
↓(Ctrl+n)	调用下一行	End(Ctrl+e)	光标置于行尾
Ctrl+←	光标左移一单词	Alt+BackSpace	恢复上一次删除的内容
Ctrl+→	光标右移一单词	Ctrl+c	终止当前指令

第3章 MATLAB 数值计算

在相关文献的基础上,本章对 MATLAB 的数值计算主要从矩阵的构建、矩阵元素、矩阵运算、关系运算和逻辑运算以及多项式运算等几个方面进行介绍。

3.1 矩阵的构建

3.1.1 直接输入创建矩阵

创建矩阵最简单的方法就是直接输入矩阵元素,输入格式有以下要求:

➤ 整个矩阵以"[ ]"作为首尾;

➤ 行与行之间用分号";"或回车键分隔;

➤ 每行中的元素用","或空格分隔;

➤ 矩阵中的元素可以是数字或者表达式;

➤ 如果矩阵中没有元素,则这样的矩阵为空阵(Empty Matrix)。

```
>> a=[1 2 3;4 5 6;7 8 9]
a =
    1    2    3
    4    5    6
    7    8    9
```

```
>> b=[1 sin(pi/6) sqrt(9)
      3+5 6        0]
b =
    1.0000    0.5000    3.0000
    8.0000    6.0000         0
```

3.1.2 利用内部函数产生矩阵

利用内部函数可以很容易生成一些常见的特殊矩阵,常用函数如表 3-1 所示。

表 3-1 MATLAB常用函数

eye(m,n)	产生单位矩阵
zeros(m,n)	产生元素全为 0 的矩阵
ones(m,n)	产生元素全为 1 的矩阵
rand(m,n)	产生均匀分布的随机元素矩阵,范围 0~1
randn(m,n)	产生正态分布的随机元素矩阵
diag(x)	产生矩阵 x 的对角阵
magic(m)	产生魔术矩阵

说明: 当 eye、zeros、ones、rand、randn 函数只有一个参数 n 时,则产生 n×n 的

方阵。

```
>> eye(3)
ans =
   1   0   0
   0   1   0
   0   0   1
>> zeros(3)
ans =
   0   0   0
   0   0   0
   0   0   0
>> a=magic(3)
a =
   8   1   6
   3   5   7
   4   9   2
```

```
>> eye(3,4)
ans =
   1   0   0   0
   0   1   0   0
   0   0   1   0
>> ones(3,4)
ans =
   1   1   1   1
   1   1   1   1
   1   1   1   1
>> diag(a)
ans =
   8
   5
   2
```

3.1.3　数组的构建

在 MATLAB 中数组可以看作行向量,即只有一行的矩阵,MATLAB 创建数组可用以下特殊命令:

3.1.3.1　冒号生成法(初值:步长:终值)

```
>> 0:0.4:2
ans =
        0   0.4000   0.8000   1.2000   1.6000   2.0000
```

初值=0,终值=2,步长=0.4,步长若省略,默认间隔1。

```
>> a=1:4;b=1:2:7;
>> c=[a b]
c =
   1   2   3   4   1   3   5   7
>> d=[a 9 10]
d =
   1   2   3   4   9   10
```

3.1.3.2　linspace 函数 linspace(a,b,n)

差值$=(b-a)/(n-1)$

```
>> a=linspace(0,1,4)
a =
        0   0.3333   0.6667   1.0000
```

初值＝0,终值＝1,元素个数＝4

3.1.3.3 logspace 函数　logspace(a,b,n)

公比＝10^((b-a)/(n-1))

```
>> logspace(0,2,5)

ans =

    1.0000    3.1623    10.0000    31.6228    100.0000
```

初值＝100,终值＝102,元素个数＝5,公比＝100.5。

另外,也可以从外部数据文件导入矩阵。

3.2　矩阵的元素

3.2.1　矩阵元素的下标表示

3.2.1.1　全下标表示

一个 m×n 矩阵 A 的第 i 行,第 j 列元素表示为 A(i,j),即由行下标和列下标表示,行列数从 1 开始。

注意:当给元素赋值时,如果超出矩阵范围,则自动扩充矩阵;当取值时,若超出矩阵范围,则提示错误。

```
>> a=[1 2;3 4];                          a =
>> a(1,2)=9;                                 1    9    0
>> a(2,3)=8;                                 3    4    8
>> a                                      >> a(2,4)
```

Index exceeds matrixdimensions

3.2.1.2　单下标表示

将矩阵的所有列按从左到右的顺序接成"一维长列",然后对元素进行编号。一个 m×n 矩阵 A 的元素 A(i,j)对应的下标为(j-1) * m+i。

```
>> a=[1 2 3;4 5 6];                          2
  >> a(1,2)                              >> a(5)=10
  ans =                                  a =
      2                                      1    2    10
  >> a(3)                                     4    5    6
  ans =
```

3.2.2 子矩阵

3.2.2.1 全下标表示

(1)a([i j],[k l]):行数为 i、j,列数为 k、l 的元素构成子矩阵;

(2)a(i:j, k:l):取行数为 i~j,列数为 k~l 的元素构成的子矩阵;

(3)a(i:j, :):取行数为 i~j,所有列的元素构成的子矩阵;

(4)a(end, k:j):取行数最大值,列数为 k~j 的元素构成的子矩阵。

3.2.2.2 单下标表示

a([i j; k l]):取单下标为 i、j、k、l 的元素构成子矩阵。

```
>> a=magic(5)
a =
    17    24     1     8    15
    23     5     7    14    16
     4     6    13    20    22
    10    12    19    21     3
    11    18    25     2     9
>> a([1 2],[3 4])
ans =
     1     8
     7    14
>> a(1:2,3:5)
ans =
     1     8    15
     7    14    16
>> a(1:2,:)
ans =
    17    24     1     8    15
    23     5     7    14    16
>> a(end,1:2)
ans =
    11    18
>> a([1 3;4 5])
ans =
    17     4
    10    11
```

3.2.3 矩阵元素的删除

删除矩阵元素可以简单地将该元素赋值为空矩阵(用[ ]表示)。

```
>> a=rand(3,4)
a =
    0.4565    0.4447    0.9218    0.4057
    0.0185    0.6154    0.7382    0.9355
    0.8214    0.7919    0.1763    0.9169
>> a(2)=[]
a =
  Columns 1 through 6
    0.4565    0.8214    0.4447    0.6154    0.7919    0.9218
  Columns 7 through 11
    0.7382    0.1763    0.4057    0.9355    0.9169
```

3.2.4 矩阵元素的数量

3.2.4.1 numel 函数

n＝numel(a):计算矩阵 a 中元素的总数

3.2.4.2 size 函数

d＝size(a):d＝[m n],m 为 a 的行数,n 为 a 的列数

[m n]＝size(a): m 为 a 的行数,n 为 a 的列数

m＝size(a,dim):m 为矩阵 a 的第 dim 维元素的数量(1 表示列,2 表示行)

```
>> a=rand(2,3)
a =
    0.2844   0.0648   0.5828
    0.4692   0.9883   0.4235
>> d=size(a)
d =
    2    3
```

```
>> m=size(a,2)
m =
    3
>> numel(a)
ans =
    6
```

另外,需强调的是,若要输入矩阵,则必须在每一行结尾加上分号(;),如下例:

```
A = [1 2 3 4; 5 6 7 8; 9 10 11 12];
A
A =
1  2  3  4
5  6  7  8
9  10 11 12
```

同样的,可以对矩阵进行各种处理:

```
A(2,3) = 5 %改变位于第二行,第三列的
元素值
A =
1  2  3  4
5  6  5  8
9  10 11 12
B = A(2,1:3) %取出部分矩阵 B
B =
5  6  5
A = [A B'] %将 B 转置后以列向量并入 A
A =
```

```
1  2  3  4  5
5  6  5  8  6
9  10 11 12 5
A(:, 2) = [] %删除第二列(:代表所有列)
A =
1  3  4  5
5  5  8  6
9  11 12 5
A = [A; 4 3 2 1] %加入第四行
A =
1  3  4  5
5  5  8  6
9  11 12 5
4  3  2  1
A([1 4], :) = [] %删除第一和第四行
(:代表所有列)
A =
5  5  8  6
9  11 12 5
```

3.3　矩阵与数组运算

MATLAB 算术运算有矩阵算术运算和数组算术运算。

矩阵算术运算:按照线性代数运算法则定义;

数组算术运算:按照元素逐个执行。

3.3.1　矩阵的运算

矩阵的运算主要有:

＋(加法)、－(减法)、＊(乘法)、ˆ(幂)、\(左除)、/(右除)、ˊ(转置)。

3.3.1.1　矩阵的加减法

矩阵的加减法是对应元素的加减法,只有当两个矩阵维数相同或者其中一个为标量时,才可以进行加减法运算。

```
>> a=[1 2;3 4];
>> b=[5 6;7 8];
>> a+b
ans =
     6     8
    10    12
>> 3+a
```

```
ans =
     4     5
     6     7
>> b−3
ans =
     2     3
     4     5
```

3.3.1.2　矩阵的乘法

矩阵的乘法使用"＊"运算符,两个矩阵要相乘,只有当前一矩阵的列数与后一矩阵行数相等或者其中一个为标量时才能进行。

```
>> a=[1 2;3 4];
>> b=[5 6 7;8 9 10];
>> a＊b
ans =
    21    24    27
    47    54    61
>> b＊a
```

```
??? Error using ==> ＊
Inner matrix dimensions must agree.
>> 3＊a
ans =
     3     6
     9    12
```

3.3.1.3　矩阵的除法

矩阵的除法有左除和右除两种,分别用"\"和"/"表示。通常矩阵除法可以用来求未知矩阵。

若 A＊X＝B,则 X＝A\B。

若 X＊A＝B,则 X＝B/A。

```
>> a=[1 2;3 4];
>> b=[5 6 7;8 9 10];
>> c=a*b
c =
    21    24    27
    47    54    61
>> a\c
```

```
ans =
    5.0000    6.0000    7.0000
    8.0000    9.0000   10.0000
>> c/b
ans =
    1.0000    2.0000
    3.0000    4.0000
```

【例 3.1】 求解以下方程

$$\begin{cases} x_1 + 3x_2 + 2x_3 = 1 \\ 2x_1 + 2x_2 + 3x_3 = 10 \\ 3x_1 + x_2 + x_3 = 7 \end{cases}$$

解:
```
>> A=[1 3 2;2 2 3;3 1 1]
A =
    1    3    2
    2    2    3
    3    1    1
>> B=[1;10;7]
B =
    1
```

```
    10
     7
>> A\B
ans =
    2
   -3
    4
```

3.3.1.4 矩阵的乘方

矩阵的乘方使用"^"运算符,如 A^P,当 P 为整数时,该指令运算结果可做如下解释:

➤ 当 P>0,表示方阵 A 直接自乘 P 次;

➤ 当 P<0,表示 A 的逆阵自乘 P 次后的结果,或者 A 自乘 P 次后的逆阵;

➤ 当 P=0,表示与 A 维数相同的单位阵。

```
>> a=[1 2;3 4]
a =
    1    2
    3    4
>> a^2
ans =
    7   10
   15   22
```

```
>> a^0
ans =
    1    0
    0    1
>> a^(-2)
ans =
    5.5000   -2.5000
   -3.7500    1.7500
```

3.3.1.5　矩阵的转置

矩阵的转置使用"'"运算符,矩阵的转置就是将第 i 行,第 j 列的元素和第 j 行,第 i 列的元素进行互换。

对于有复数元素的矩阵 A,A'为共轭转置,A.'为非共轭转置。

```
>> a=[1 2;3 4]
a =
    1    2
    3    4
>> a'
ans =
    1    3
    2    4
>> a=[1+i 2+i;3+i 4+i];
```

```
>> a'
ans =
    1.0000 − 1.0000i    3.0000 − 1.0000i
    2.0000 − 1.0000i    4.0000 − 1.0000i
>> a.'
ans =
    1.0000 + 1.0000i    3.0000 + 1.0000i
    2.0000 + 1.0000i    4.0000 + 1.0000i
```

3.3.1.6　矩阵的逆(inv)

在 MATLAB 中,使用函数 inv 计算矩阵的逆矩阵。A 是可逆矩阵的充分必要条件是|A|≠0,即可逆矩阵是非奇异方阵。

```
>> a=magic(3)
a =
    8    1    6
    3    5    7
    4    9    2
>> inv(a)
ans =
    0.1472   −0.1444    0.0639
   −0.0611    0.0222    0.1056
   −0.0194    0.1889   −0.1028
>> a * inv(a)
ans =
    1.0000        0   −0.0000
```

```
   −0.0000    1.0000        0
    0.0000        0    1.0000
>> a^(−2)
ans =
    0.0293   −0.0124   −0.0124
   −0.0124    0.0293   −0.0124
   −0.0124   −0.0124    0.0293
>> inv(a^2)
ans =
    0.0293   −0.0124   −0.0124
   −0.0124    0.0293   −0.0124
   −0.0124   −0.0124    0.0293
```

3.3.1.7　方阵的行列式(det)

方阵和行列式是两个不同的概念,n 阶方阵是 n×n 个数按一定方式排成的数表,n 阶行列式则是这些数按一定的运算法则确定的一个数。在 MATLAB 中,求方阵的行列式的函数是 det。

```
>> a=magic(3)
a =
     8    1    6
     3    5    7
```

```
     4    9    2
>> det(a)
ans =
    -360
```

3.3.1.8　矩阵的特征值运算

(1)用 eig 和 eigs 两个函数来进行矩阵的特征值运算。其格式如下:E=eig(X)命令生成由矩阵 X 的特征值所组成的一个列向量。

(2)[V,D]=eig(X)命令生成两个矩阵 V 和 D,其中 V 是以矩阵 X 的特征向量作为列向量组成的矩阵,D 是由矩阵 X 的特征值作为主对角线元素购成的对角矩阵。

(3)eigs(A)命令是由迭代法求解矩阵的特征值和特征向量。

(4)D=eigs(A)命令生成由矩阵 A 的特征值组成的一个列向量。A 必须为方阵,最好是大型稀疏矩阵。

(5)[V,D]=eigs(A)命令生成两个矩阵 V 和 D,其中 V 是以矩阵 A 的特征向量作为列向量组成的矩阵,D 是由矩阵 A 的特征值作为主对角线元素构成的对角矩阵。

```
>> x=magic(3)
x =
     8    1    6
     3    5    7
     4    9    2
>> a=[1 0 0;0 0 3;0 9 0]
a =
     1    0    0
     0    0    3
     0    9    0
>> E=eig(x)
E =
   15.0000
    4.8990
   -4.8990
>> [V,D]=eig(x)
V =
   -0.5774   -0.8131   -0.3416
   -0.5774    0.4714   -0.4714
   -0.5774    0.3416    0.8131
D =
   15.0000        0        0
```

```
        0    4.8990        0
        0        0   -4.8990
>> D=eigs(a)
D =
   -5.1962
    5.1962
    1.0000
>> [V,D]=eigs(a)
V =
        0        0    1.0000
    0.5000    0.5000        0
   -0.8660    0.8660        0
D =
   -5.1962        0        0
        0    5.1962        0
        0        0    1.0000
>> D=eigs(a)
D =
   -5.1962
    5.1962
    1.0000
```

3.3.1.9　矩阵的范数运算

数值分析与计算方法的不同之处在于引入了范数的概念,用 norm 和 normest 函数来计算矩阵的范数,其格式如下:

(1)norm 函数。

norm(X)用来计算矩阵 X 的 2—范数;

norm(X,2)与 norm(X)的功能相同;

norm(X,1)用来计算矩阵 X 的 1—范数;

norm(X,inf)用来计算矩阵 X 的无穷范数;

norm(X,'fro')用来计算矩阵 X 的 frobenius 范数。

(2)normest 函数。

normest 函数只能计算矩阵的 2—范数,且是其 2—范数的估计值,适用于计算 norm(X)比较费时的情况,其格式为 normest(X)。

```
>> X=hilb(4)
X =
    1.0000    0.5000    0.3333
0.2500
    0.5000    0.3333    0.2500
0.2000
    0.3333    0.2500    0.2000
0.1667
    0.2500    0.2000    0.1667
0.1429
>> norm(4)
ans =
    4
>> norm(X)
ans =
    1.5002
```

```
>> norm(X,2)
ans =
    1.5002
>> norm(X,1)
ans =
    2.0833
>> norm(X,inf)
ans =
    2.0833
>> norm(X,'fro')
ans =
    1.5097
>> normest(X)
ans =
    1.5002
```

3.3.1.10　矩阵的条件数运算

矩阵的条件数是判断矩阵"病态"程度的一个量值,矩阵 A 的条件数越大,表明 A 越"病态",反之,表明 A 越"良态"。

(1)cond 函数。

cond 函数用于计算矩阵的条件数,cond(X)返回关于矩阵 X 的 2—范数的条件数。

cond(X,P)关于矩阵 X 的 P—范数的条件数(P 为 1、2、inf 或 fro)。

(2)rcond 函数。

rcond 函数用于计算矩阵条件数的倒数值,所以当矩阵 X"病态"时,rcond(X)就接近 0;X"良态"时,rcond(X)就接近 1。

（3）condest 函数。

condest(X)用于计算关于矩阵 X 的 1—范数的条件数的估计值。

```
>> M=magic(3);
>> H=hilb(4);
>> c1=cond(M)
c1 =
    4.3301
>> c2=cond(M,1)
c2 =
    5.3333
>> c3=rcond(M)
c3 =
    0.1875
>> c4=condest(M)
c4 =
5.3333
```

```
>> h1=cond(H)
h1 =
    1.5514e+004
>> h2=cond(H,inf)
h2 =
    2.8375e+004
>> h3=rcond(H)
h3 =
    3.5242e-005
>> h4=condest(H)
h4 =
    2.8375e+004
```

3.3.1.11　特征值的条件数运算

通过函数 condeig 进行特征值条件数的计算。函数使用方式为 condeig(A)或者[V,D,S]= condeig(A),其中 condeig(A)表示有矩阵的各特征值条件数所构成的列向量;[V,D,S]= condeig(A)等价于上面介绍[V,D]=eig(A)和 S= condeig(A)。V 表示特征向量组成的矩阵,D 表示特征值组成的对角阵,S 表示对应的特征值条件数。

```
>> V=[1 1 1 10E10]
V =
  1.0e+011 *
    0.0000   0.0000   0.0000   1.0000
>> A=diag(V)
A =
  1.0e+011 *
    0.0000    0         0         0
     0      0.0000      0         0
     0        0       0.0000      0
     0        0         0       1.0000
>> Jt=cond(A)    %矩阵的条件数计算
```

```
Jt =
    1.0000e+011
>> Tt=condeig(A)  %矩阵特征值条件数计算
Tt =
     1
     1
     1
     1
>> M=magic(7)
```

M =

30	39	48	1	10	19	28	38
	47	7	9	18	27	29	
46	6	8	17	26	35	37	
5	14	16	25	34	36	45	
13	15	24	33	42	44	4	
21	23	32	41	43	3	12	
22	31	40	49	2	11	20	

Tt =

1.0000
1.0048
1.3171
1.3125
1.0048
1.3125
1.3171

```
>> Jt=cond(M)    %矩阵的条件数计算
Jt =
7.1113
>> Tt=condeig(M)  %矩阵特征值条件数计算
```

3.3.1.12　矩阵的秩

用 rank 来求矩阵的秩。

```
>> T=rand(6)
```

T =

0.9501	0.4565	0.9218	0.4103	0.1389	0.0153
0.2311	0.0185	0.7382	0.8936	0.2028	0.7468
0.6068	0.8214	0.1763	0.0579	0.1987	0.4451
0.4860	0.4447	0.4057	0.3529	0.6038	0.9318
0.8913	0.6154	0.9355	0.8132	0.2722	0.4660
0.7621	0.7919	0.9169	0.0099	0.1988	0.4186

```
>> r=rank(T)
r =
    6
>> T1=[1 1 1;2 2 3]
T1 =
```

1	1	1
2	2	3

```
>> r=rank(T1)
r =
    2
```

3.3.1.13　矩阵的迹

矩阵的迹是指矩阵主对角线上所有元素的和,也是矩阵的特征值。用 trace 函数求得。

```
>> T=trace(M)
T =
    65
>> T1=eig(M)
T1 =
    65.0000
   -21.2768
```

```
   -13.1263
    21.2768
    13.1263
>> T2=65-21-13+21+13
T2 =
    65
```

3.3.1.14 矩阵的伪逆

在 MATLAB 中,矩阵的伪逆运算可以用函数 pinv 实现。完整的应用形式为 X=pinv(A),矩阵 X 和矩阵 A 同维数,并且矩阵 A 和矩阵 X 满足条件 A * X * A =A、X * A * X=X 和 A * X=X * A=I(在一定的误差条件下近似成立)。

```
>> A=magic(4)
A =
    16     2     3    13
     5    11    10     8
     9     7     6    12
     4    14    15     1
>> B=inv(A)
```
Warning：Matrix is close to singular or badly scaled.

Results may be inaccurate. RCOND = 1. 306145e−017.

```
B =
1.0e+014 *
 0.9382    2.8147   −2.8147   −0.9382
 2.8147    8.4442   −8.4442   −2.8147
−2.8147   −8.4442    8.4442    2.8147
−0.9382   −2.8147    2.8147    0.9382
>> B1=pinv(A)
B1 =
 0.1011   −0.0739   −0.0614    0.0636
−0.0364    0.0386    0.0261    0.0011
 0.0136   −0.0114   −0.0239    0.0511
−0.0489    0.0761    0.0886   −0.0864
>> C1=A * B
```

```
C1 =
 1.0000    0       −1.0000   −0.5000
−0.2500    0        0         0.3750
 0.2500    0.5000   0        −0.2500
 0.1563    0.1250   0         1.2344
>> C2=A * B1
C2 =
 0.9500   −0.1500    0.1500    0.0500
−0.1500    0.5500    0.4500    0.1500
 0.1500    0.4500    0.5500   −0.1500
 0.0500    0.1500   −0.1500    0.9500
>> C3=B * A * [1 1 1 1]'
C3 =
  0.8438
  6.6250
 −4.3125
  0.4219
>> C4=B1 * A * [1 1 1 1]'
C4 =
  1.0000
  1.0000
  1.0000
  1.0000
```

3.3.1.15 正交矩阵

函数 orth(A)可以很方便地求得矩阵 A 的正交矩阵。完整的应用形式为 Q=orth(A),Q 是基于矩阵 A 的范围内的正交阵,且满足 Q'* Q=I,Q 的列数与矩阵 A 的秩相同。

```
>> V=[2 2 −2;2 5 −4;−2 −4 5]
V =
     2     2    −2
     2     5    −4
    −0.6667   0.7071   −0.2357
```

```
    −2    −4     5
>> R=orth(V)
R =
 −0.3333    0.0000    0.9428
  0.6667    0.7071    0.2357
```

```
>> E=R' * R
E =
```

1. 0000	0	−0. 0000
0	1. 0000	0. 0000
−0. 0000	0. 0000	1. 0000

3.3.1.16　矩阵的特征多项式(poly)

在 MATLAB 中,用函数 poly 计算矩阵的特征多项式。

设 A 为 n 阶方阵,如果 λ 和 n 维非零列向量 X 使关系式 AX= λX 成立,那么 $(A-\lambda E)X=0$ 称为矩阵 A 的特征方程,$|A-\lambda E|$ 称为方阵 A 的特征多项式。

```
>> a=[−2 1 1；0 2 0；−4 1 3]；
>> poly(a)
ans =
    1    −3    0    4
>> roots(ans)
ans =
    2.0000 + 0.0000i
```

```
    2.0000 − 0.0000i
    −1.0000
>> eig(a)
ans =
    −1
    2
    2
```

3.3.2　数组的运算

数组的运算符有:

. +(加法)、. −(减法)、. * (乘法)、. ^(幂)、. \(左除)、. /(右除)、. '(转置)。

数组的运算操作都是对元素逐个进行的,数组运算符与矩阵运算符的区别是多一个小黑点。

```
>> a=[1 2 3]；
>> b=[4 5 6]；
>> a. * b
ans =
    4    10    18
>> a.^2
ans =
1    4    9
>> a.\b
ans =
    4.0000    2.5000    2.0000
>> a=[1+j 2+j 3+j]
a =
1.0000 + 1.0000i 2.0000 + 1.0000i
3.0000 + 1.0000i
```

```
>> a. '
ans =
    1.0000 + 1.0000i
    2.0000 + 1.0000i
    3.0000 + 1.0000i
>> a=ones(3)；
>> b=magic(3)
b =
    8    1    6
    3    5    7
    4    9    2
>> a * b
ans =
    15    15    15
    15    15    15
```

$$
\begin{array}{ccc}
15 & 15 & 15
\end{array}
$$

>> a. * b

ans =

$$
\begin{array}{ccc}
8 & 1 & 6 \\
3 & 5 & 7 \\
4 & 9 & 2
\end{array}
$$

>> b^2

ans =

$$
\begin{array}{ccc}
91 & 67 & 67 \\
67 & 91 & 67 \\
67 & 67 & 91
\end{array}
$$

>> b. ^2

ans =

$$
\begin{array}{ccc}
64 & 1 & 36 \\
9 & 25 & 49 \\
16 & 81 & 4
\end{array}
$$

3.4　矩阵关系运算与逻辑运算

说明:

(1)表达式输入:非 0——"逻辑真",0——"逻辑假";

(2)表达式输出:1——"逻辑真",0——"逻辑假"。

3.4.1　关系运算

两个维数相同的矩阵进行比较:相对应元素进行比较,结果为一个同维数矩阵;

矩阵和标量进行比较:标量和矩阵中的每一个元素进行比较,结果为一个同维数矩阵。

常用的 MATLAB 关系操作符如表 3-2 所示。

表 3-2　MATLAB 关系操作符

<	小于	>=	大于等于
>	大于	==	等于
<=	小于等于	~=	不等于

<、<=、>、>=仅比较实部,而==、~=同时比较实部和虚部。

>> a=[1 2; 3 4];

>> b=[1 3; 4 4];

>> a<b

ans =

$$
\begin{array}{cc}
0 & 1 \\
1 & 0
\end{array}
$$

>> a==2

ans =

$$
\begin{array}{cc}
0 & 1 \\
0 & 0
\end{array}
$$

>> a<=b

ans =

$$
\begin{array}{cc}
1 & 1 \\
1 & 1
\end{array}
$$

>> a>b

ans =

```
   0    0                              ans =
   0    0                                  1    0
>> a==b                                    0    1
```

3.4.2　逻辑运算

如果 A 和 B 是维数相同的矩阵,或者其中一个是标量,则可以对矩阵进行逻辑运算。常用的 MATLAB 逻辑运算符号如表 3-3 所示。

表 3-3　MATLAB 逻辑运算符号

与	A&B 或 and(A,B)
或	A|B 或 or(A,B)
非	~A 或 not(A)
异或	xor(a,b)

```
>> a=[0 1 0 1];                         ans =
>> b=[0 1 1 0];                              0    1    1    1
>> and(a,b)                             >> xor(a,b)
ans =                                   ans =
   0    1    0    0                          0    0    1    1
>> a&b                                  >> a&1
ans =                                   ans =
   0    1    0    0                          0    1    0    1
>> a|b
```

3.5　各种运算符的优先级

MATLAB 对各种运算的优先级做了规定,如表 3-4 所示。计算时,遵守的规定是较高优先级先于较低优先级,相同优先级遵从从左到右原则。

表 3-4　MATLAB 运算符优先级

优先级	运算符
最高	( )
↓	.'、'、.^、^
↓	~
↓	.*、*、./、/、.\、\
↓	+、-

续表

优先级	运算符
↓	:
↓	<,<=,>,>=,~=,==
↓	&
最低	|

```
>> x=5;y=3;z=2;
>> X=ones(3);
>> Y=magic(3)
Y =
    8    1    6
    3    5    7
    4    9    2
>> Z=zeros(3);
>> a=x^2*(X'+Y)+z
a =
   227    52   177
   102   152   202
```

```
   127   252    77
>> b=Y&Z+x
b =
     1     1     1
     1     1     1
     1     1     1
>> c=Y~=Z+X>=Y*x
c =
     0     0     0
     0     0     0
     0     0     0
```

3.6　基本统计处理

3.6.1　查最大值(**max**)

(1)C=max(A)

返回矩阵 A 各列的最大值;若 A 为向量,返回该向量的最大值。

(2)[C,I]=max(A)

将矩阵 A 各列中的最大元素值及该元素的位置分别赋给行向量 C 与 I,当 A 是向量时,C、I 是标量。

(3)[C,I]=max(A,[],dim)

按矩阵 A 的第 dim 维的方向查取最大的元素,并将最大元素及其该元素的位置分别赋给向量 C 与 I。若 dim=1,则按列操作;若 dim=2,则按行操作。

```
>> x=[2 4 7 4 8 3];
>> m=max(x)
m =
```

```
   8
>> [m,n]=max(x)
m=
```

```
        8
n =
        5
>> x=[3 5 1; 9 4 6];
>> max(x)
ans =
        9    5    6
>> [m,n]=max(x)
m =
        9    5    6
n =
        2    1    2
```

```
>> [m,n]=max(x,[],1)
m =
        9    5    6
n =
        2    1    2
>> [m,n]=max(x,[],2)m =
        5
        9
n =
        2
        1
```

3.6.2　求最小值(**min**)

min 函数用来求取数据序列中的最小值,使用方法和 max 函数相同。

3.6.3　求中值(**median**)

(1)Y=median(X):返回矩阵 X 各列元素的中值并将其赋给行向量 Y;若 X 为向量,则 Y 为标量。

(2)Y=median(X,dim):对数组 X 的第 dim 维方向的元素求中值,并将结果赋给向量 Y;若 dim=1,则按列操作(默认),若 dim=2,则按行操作。

```
>> x=[3 5 1; 9 4 6];
>> median(x)
ans =
    6.0000    4.5000    3.5000
```

```
>> median(x,2)
ans =
        3
        6
```

3.6.4　求和(**sum**)

(1)Y=sum(X):返回矩阵 X 各列元素的和并将其赋给行向量 Y;若 X 为向量,则 Y 为标量。

(2)Y=sum(X,dim):将数组 X 的第 dim 维方向的元素的和赋给向量 Y;若 dim=1,则按列操作,若 dim=2,则按行操作。

```
>> x=[3 5 1; 9 4 6];
>> sum(x)
ans =
        12    9    7
```

```
>> sum(ans)
ans =
        28
```

3.6.5　求平均值(**mean**)

(1)Y=mean(X):返回矩阵 X 各列元素的平均值并将其赋给行向量 Y;若 X 为向量,则 Y 为标量。

(2)Y=mean(X,dim):将数组 X 的第 dim 维方向的元素的平均值赋给向量 Y;若 dim=1,则按列操作,若 dim=2,则按行操作。

```
>> a=[1 2 3;4 5 6]
a =
    1    2    3
    4    5    6
>> mean(a)
ans =
```

```
    2.5000    3.5000    4.5000
>> mean(a,2)
ans =
    2
    5
```

3.6.6　求积(**prod**)

(1)Y=prod(X):返回矩阵 X 各列元素的积将将其赋给行向量 Y;若 X 为向量,则 Y 为标量。

(2)Y=prod(X,dim):将数组 X 的第 dim 维方向的元素的积赋给向量 Y;若 dim=1,则按列操作,若 dim=2,则按行操作。

```
>> a=[1 2 3;4 5 6]
a =
>> prod(a)
ans =
    4    10    18
>> prod(a,2)
```

```
    1    2    3
    4    5    6
ans =
    6
    120
```

3.6.7　排序(**sort**)

(1)Y=sort(X):将矩阵 X 的各列元素升序排列。

(2)Y=sort(X,dim):将矩阵 X 的第 dim 维元素升序排列;若 dim=1,则按列操作,若 dim=2,则按行操作。

(3)Y=sort(X,mode):按照 mode 模式对矩阵 X 进行排列,若 mode 为'ascend'则表示按升序排列,若 mode 为'descend'则表示按降序排列。

```
>> x=[3 7 5; 6 8 3; 0 4 2];          3    5    7
>> sort(x)                           3    6    8
ans =                                0    2    4
    0    4    2                   >> sort(x,2,'descend')
    3    7    3                   ans =
    6    8    5                       7    5    3
>> sort(x,2)                         8    6    3
ans =                                4    2    0
```

3.7　多项式运算

多项式是形如 $P(x)=a_0 x^n + a_1 x^{n-1} + \cdots + a_{n-1} x + a_n$ 的式子，在 MATLAB 中，多项式用行向量表示 $P=[a_0 \quad a_1 \cdots a^{n-1} \quad a^n]$。

3.7.1　多项式的创建

(1)直接输入系数。

直接输入向量，MATLAB 将按降幂自动将向量的元素分配给多项式各项的系数，该向量可以是行向量或列向量。

```
>> P=[3 5 0 1 0 12];          y =
>> y=poly2sym(P)              3 * x^5+5 * x^4+x^2+12
```

(2)由多项式的根逆推多项式。

若已知某多项式的根，可用 poly 函数反推出与其相对应的多项式。

```
>> root=[-4 -2+2i -2-2i 5]    p =
root =                            1    3    -16    -88    -160
  -4.0000    -2.0000+2.0000i  >> poly2sym(p)
  -2.0000-2.0000i   5.0000     ans =
>> p=poly(root)                x^4+3 * x^3-16 * x^2-88 * x-160
```

3.7.2　多项式的运算

3.7.2.1　多项式的求值

(1)代数多项式求值：polyval 函数。

polyval(P,X)计算以向量 P 为系数的多项式在点 X 的值，如果 X 是矩阵或者向量，则该命令对 X 的每个元素都进行计算。

(2)矩阵多项式求值：polyvalm 函数。

Y＝polyvalm(P,X)计算以向量 P 为系数的多项式在矩阵 X 的值,其中向量 X 为方阵。

$$Y＝P(1)×X^n＋P(2)×X^{n-1}＋\cdots＋P(N)×X＋P(N+1)×I$$

```
>> p=[1 2 3];
>> poly2sym(p)
ans =
x^2+2*x+3
>> a=[1 2;3 4];
>> polyval(p,2)
ans =
    11
>> polyval(p,a)
ans =
```

```
    6    11
   18    27
>> polyvalm(p,a)
ans =
   12    14
   21    33
>> b=[1 2 3;4 5 6];
>> polyvalm(p,b)
??? Error using ==> polyvalm
Matrix must be square.
```

3.7.2.2　多项式的根

求多项式的根,即求使多项式为零的 x 的值。设多项式由行向量 p 表示,其系数按降序排列,使用 roots 函数计算多项式的根,格式为 roots(p)。

【例 3.2】　计算多项式 $x^4＋3x^2＋12x-7$ 的根。

```
>> p=[1 0 3 12 -7]
p =
    1    0    3    12    -7
>> roots(p)
ans =
0.7876 + 2.4351i
  0.7876 - 2.4351i
 -2.0872
```

```
    0.5121
>> polyval(p,ans)
ans =
   1.0e-013 *
   -0.0178 + 0.8793i
   -0.0178 - 0.8793i
    0.1954
        0
```

3.7.2.3　多项式的四则运算

(1)加法和减法。

如果两个多项式的系数向量阶数相同,就可以直接进行加减法计算;如果向量阶数不同,就不能直接进行运算,需要在低阶多项式的前面补 0,使其具有相同的阶数。

```
>> a=[8 2 2 8];b=[6 1 6 1];
>> poly2sym(a)
ans =
8*x^3+2*x^2+2*x+8
>> poly2sym(b)
ans =
6*x^3+x^2+6*x+1
```

```
>> c=a+b
c =
   14    3    8    9
>> poly2sym(c)
ans =
14*x^3+3*x^2+8*x+9
>> d=a-b
```

d =

　2　1　−4　7

\>> poly2sym(d)

ans =

2 * x^3+x^2−4 * x+7

\>> e=[2 4 5];

\>> d+e

??? Error using ==> plus

Matrix dimensions must agree.

\>> d+[0 e]

ans =

　　2　3　0　12

\>> poly2sym(ans)

ans =

2 * x^3+3 * x^2+12

（2）乘法。

使用 conv 函数对多项式进行乘法运算，其格式为 conv(a,b)。

【例 3.3】　计算 $(x^3+2x^2+3x+4)(5x^3+6x^2+7x+8)$。

\>> a=[1 2 3 4];b=[5 6 7 8];

\>> poly2sym(a)

ans =

x^3+2 * x^2+3 * x+4

\>> poly2sym(b)

ans =

5 * x^3+6 * x^2+7 * x+8

\>> conv(a,b)

ans =

　5　16　34　60　61　52　32

\>> poly2sym(ans)

ans =

5 * x^6+16 * x^5+34 * x^4+60 * x^3+61 *

x^2+52 * x+32

（3）除法。

使用 deconv 函数对多项式进行除法运算。

[q,r] = deconv(v,u)：用多项式 v 除以多项式 u，商赋给 q，余数赋给 r。

deconv 是 conv 的逆运算，v=conv(u,q)+r。

\>> a=[1 2 3 4];b=[5 6 7 8];

\>> c=conv(a,b);

\>> [q,r]=deconv(c,a)

q =

　5　6　7　8

r =

　0　0　0　0　0　0　0

\>> c=c+[0 0 0 4 3 2 1];

\>> [q,r]=deconv(c,a)

q =

　　5　6　7　12

r =

　0　0　0　0　−5　−10　−15

（4）求导。

➤ polyder(P)：对多项式 P 求导，并返回求导结果；

➤ polyder(P,Q)：相当于 polyder(P * Q)；

➤ [p,q]=polyder(P,Q)：求 P/Q 的导数，导数的分子存入 p，分母存入 q。

【例 3.4】　计算多项式 $(3x^2−2x+1)(4x^2+5x+6)$ 的导数。

```
>> a=[3 −2 1];b=[4 5 6];
>> polyder(a,b)
ans =
```
48	21	24	−7

所以所求结果为：

$48x^3+21x^2+24x-7$

【例 3.5】 计算有理分式 $1/(x^2+5)$ 的导数。

```
>> a=[1];b=[1 0 5];
>> [p,q]=polyder(a,b)
p =
    −2    0
```

```
q =
```
1	0	10	0	25

所以结果为：

$-2x/(x^4+10x^2+25)$

(5)多项式积分。

polyint(p,k)：表示对多项式 p 求积分，常数项为 k(默认值为 0)。

【例 3.6】 计算 $\int(3x^2-2x+1)\mathrm{d}x$。

```
>> a=[3 −2 1];
>> polyint(a)
ans =
    1    −1    1    0
```

```
>> polyint(a,3)
ans =
    1    −1    1    3
```

所以，计算结果为 x^3-x^2+x+3。

第4章 MATLAB 符号计算

本章主要介绍 MATLAB 的符号计算,包括符号计算基础、符号微积分、符号积分变换、符号的表达式操作以及符号方程的求解等方面。下面分别予以介绍。

4.1 符号计算基础

4.1.1 定义符号常量

符号常量是不含变量的符号表达式,通常用 sym 函数创建符号常量。如:

f=sym('常量')

sym 命令也可以把数值转换为某种格式的符号常量。

sym(常量,'参数')

参数:d 是返回最接近的十进制浮点精确表示;

    e 是返回最接近的带误差估计的有理表示;

    f 是返回十六进制浮点表示;

    r 是返回该符号值最接近的有理表示,缺省设置,可表示为 p/q、p * q、

    10^q、pi/q、2^q、sqrt(p)。

```
>> sqrt(2)
ans =
    1.4142
>> a=sqrt(sym(2))
a =
2^(1/2)
>> double(a)
ans =
    1.4142
>> 2/5+1/3
ans =
0.7333
>> sym(2)/sym(5)+sym(1)/sym(3)
ans =
11/15
```

```
>> sym(asin(1))
ans =
pi/2
>> 3 * sin(3)+pi/2
ans =
    1.9942
>> sym('3 * sin(3)+pi/2')
ans =
3 * sin(3)+pi/2
>> sym(3 * sin(3)+pi/2)
ans =
8980881799167258 * 2^(−52)
>> sym(3 * sin(3)+pi/2,'d')
ans =
1.9941563509744981708138311660150
```

4.1.2　定义符号变量

4.1.2.1　sym 函数

sym('arg',参数)

说明:参数可以取以下选项。

'positive':限定 arg 为"正、实"符号变量;

'real':限定 arg 为"实"符号变量;

'unreal':限定 arg 为"非实"符号变量。

【例 4.1】　已知一复数表达式 $z=x+i*y$,试求其实部。

```
>> a=sym('x','real');
>> b=sym('y','real');
>> z=a+i*b;
>> real(z)
ans =
x
>> a=sym('x','unreal');
```

```
>> real(z)
ans =1/2*x+1/2*conj(x)
>> real(a)
ans =
1/2*x+1/2*conj(x)
```

4.1.2.2　syms 函数

syms 函数的功能与 sym 函数的功能相似。syms 函数可以在一个语句中同时定义多个符号对象,格式为:

syms('arg1','arg2',…,参数)

syms　arg1 arg2,…参数

```
>> syms x y real
>> z=x+i*y;
>> real(z)
ans =
x
>> syms x unreal
>> real(z)
```

```
ans =
1/2*x+1/2*conj(x)
>> syms a b
>> real(a+b*j)
ans =
1/2*a+1/2*i*b+1/2*conj(a+i*b)
```

4.1.3　定义符号表达式

符号表达式由符号变量、函数、算术运算符等组成。符号表达式的定义有以下三种方法:

(1)单引号创建符号表达式。

```
>> f='exp(x)'                    %创建符号函数
f =
```

exp(x)

```
>> f='a∗x^3+b∗x^2+c=0'          %创建符号代数方程
f =
a∗x^3+b∗x^2+c=0
```

（2）用 sym 函数创建符号表达式。

```
>> f=sym('a∗x^3+b∗x^2+c=0')      %创建符号表达式
f =
a∗x^3+b∗x^2+c=0
```

（3）用 syms 函数创建符号表达式。

syms 函数只能生成符号函数，不能生成符号方程。

```
>> syms x y u;                  %预定义符号变量
>> f=exp(x∗y/u)                 %创建符号函数
f =
exp(x∗y/u)
```

4.1.3.1　符号变量查询

符号变量查询如表 4-1 所示，在数学表达式中，一般习惯使用在字母表中排在前面的字母作为变量的系数，而用排在后面的字母表示变量。

$$f=ax^2+bx+c$$

可以用 findsym 函数了解函数中使用的变量个数以及变量名。格式为：

findsym(f,n)

说明：

(1) f 为用户定义的符号表达式，不能是字符串；

(2) n 为正整数，表示查询变量的个数；

(3) $n=i$ 表示查询 i 个系统默认变量，n 值省略表示查询所有的符号变量。

当字符表达式中含有多于一个的变量时，只有一个变量是独立变量。若未告知 MATLAB 哪一变量是独立变量，MATLAB 将基于以下规则选择一个：

➤ 缺省的变量是唯一的；

➤ 若有 x，选择 x 作为独立变量；

➤ 若无 x，选择除 i 和 j 的小写字母，字母顺序中最接近 x 的字母；若与 x 的距离相同，则 x 后面的优先；

➤ 所有小写字母均优先于大写字母为独立变量。

【例 4.2】　查询符号函数 $f=\exp(u∗y∗t)$ 和 $g=x^n$ 的默认变量。

```
>> syms n t u x y;
>> f=exp(u∗y∗t);
>> findsym(f,1)
ans =
y
```

```
>> g=x^n;
>> findsym(g,1)
ans =
x
```

表 4-1　符号变量查询

数学表达式	系统默认自变量
x^n	x
cos(a * t+b)	t
exp(u * y * t)	y
s * z+5 * u * v	z
t * theta^3	t
2 * i+3 * j	j

```
>> f='a * x^2+b * x+1'
f =
a * x^2+b * x+1
>> findsym(f)
??? Function 'findsym' is not defined for
values of class 'char'.
```

```
>> g=sym('a * x^2+b * x+1')
g =
a * x^2+b * x+1
>> findsym(g)
ans =
a, b, x
```

4.2　符号微积分

4.2.1　符号极限

(1)limit(F,x,a):计算符号表达式当 x→a 时,F 的极限值;

(2)limit(F,a):计算符号函数 F 的极限值,因未指定 F 的自变量,故用该格式时,变量为 findsym 确定的默认自变量,即默认自变量→a;

(3)limit(F):计算符号函数 F 的极限值,变量为 findsym 确定的默认变量;在未指定目标值时,默认变量趋近于 0;

(4)limit(F,x,a,'left')或 limit(F,x,a,'right'):分别计算函数 F 的左极限和右极限。

```
>> syms x t;
>> limit(sin(x)/x)
ans =
1
>> limit((x-2)/(x^2-4),2)
ans =
1/4
```

```
>> limit((1+2 * t/x)^(3 * x),x,inf)
ans =
exp(6 * t)
>> limit(1/x,x,0,'right')
ans =
Inf
>> limit(1/x,x,0,'left')
```

ans =

－Inf

>> syms x a;

>> v=[(1+a/x)^x exp(−x);sin(a+x)

cos(a+x)];

>> limit(v,x,0,'left')

ans =

[1, 1]

[sin(a), cos(a)]

4.2.2　符号微分

diff 函数用于对符号表达式求微分,其格式一般为:

diff(f,v,n)

(1)diff(f):表示没有指定微分变量和微分阶数,按 findsym 指示的默认变量对符号表达式 f 求一阶微分;

(2)diff(f,v)或 diff(f,sym('v')):表示以 v 为自变量,对符号表达式 f 求一阶微分;

(3)diff(f,n):表示根据 findsym 指示的默认变量对符号表达式 f 求 n 阶微分;

(4)diff(f,v,n):表示以 v 为变量,对符号表达式 f 求 n 阶微分。

>> syms x y

>> diff(x^3+3 * x^2+2 * x+5)

ans =

3 * x^2+6 * x+2

>> diff(sin(x^3),2)

ans =

−9 * sin(x^3) * x^4+6 * cos(x^3) * x

>> diff(x * y+y^2+sin(x)+cos(y),y)

ans =

x+2 * y−sin(y)

>> diff(x * y+y^2+sin(x)+cos(y),y,3)

ans =

sin(y)

>> f='x * y^2+a * x^2'

f =

x * y^2+a * x^2

>> diff(f)

ans =

y^2+2 * a * x

>> diff(f,y)

??? Undefined function or variable 'y'.

>> diff(f,'y')

ans =

2 * x * y

>> diff(f,sym('y'))

ans =

2 * x * y

4.2.3　符号积分

int 函数用于对符号表达式求微分,其格式一般为:

int(f,v,a,b)

(1)int(f):按 findsym 指示的默认变量对符号表达式 f 求不定积分。如果 f

是符号常量,积分将针对 x;

（2）int(f,v)或 int(f,'v')：表示以 v 为自变量,对符号表达式 f 求不定积分；

（3）int(f,a,b)：表示根据 findsym 指示的默认变量对符号表达式 f 求 a 到 b 的定积分；

（4）int(f,v,a,b)：表示以 v 为变量,对符号表达式 f 求 a 到 b 的定积分。

```
>> syms x x1 alpha u t;
>> int(1/(1+x^2))
ans =
atan(x)
>> int(sin(alpha * u),alpha)
ans =
-1/u * cos(alpha * u)
>> int(x1 * log(1+x1),0,1)
ans =
1/4
>> int(4 * x * t,x,2,sin(t))
ans =
2 * t * (sin(t)^2-4)
>> A=[cos(x * t) sin(x * t);
        -sin(x * t) cos(x * t)]
A =
[  cos(x * t),   sin(x * t)]
[ -sin(x * t),   cos(x * t)]
>> int(A,t)
ans =
[ 1/x * sin(x * t),-cos(x * t)/x]
[ cos(x * t)/x, 1/x * sin(x * t)]
>> a=sym('2')
a =
2
>> int(a)
ans =
2 * x
```

4.2.4　符号级数

级数求和运算是常见的一种运算。例如：

$$f(x)=a^0+a^1x+a^2x^2+\cdots+a^nx^n$$

symsum 函数用于对符号级数求和运算,格式为：

symsum(f,v,a,b)

（1）symsum(f)：对符号表达式中由 findsym 确定的变量从 0 到 k-1 求和；

（2）symsum(f,v)：对符号表达式中的变量 v 从 0 到 k-1 进行求和；

（3）symsum(f,a,b)：表示根据 findsym 确定的变量对符号表达式从 a 到 b 求和；

（4）symsum(f,v,a,b)：对表达式中变量 v 从 a 到 b 求和。

【例 4.3】　求以下级数的和

1/12+1/22+1/32+1/42+…

```
>> syms k
>> symsum(1/k^2,1,inf)     %k 值为从 1
到无穷
ans =
1/6 * pi^2
>> double(ans)
ans =
    1.6449
```

【例 4. 4】 计算 $1+4+9+16+\cdots+81$ 的和。

$>>$ symsum(k^2,1,9)

ans $=$

285

4.3　符号积分变换

4.3.1　傅立叶变换及其反变换

时域中的 f(t) 与频域中 F(w) Fourier 变换之间的关系：

$$F(\omega)=\int_{-\infty}^{\infty}f(t)\mathrm{e}^{\mathrm{j}\omega t}\mathrm{d}t\qquad f(t)=\frac{1}{2\pi}\int_{-\infty}^{\infty}F(\omega)\mathrm{e}^{\mathrm{j}\omega t}\mathrm{d}\omega$$

(1)Fourier 变换。

F＝fourier(f,t,w)　　%计算 f(t)的 Fourier 变换 F

返回结果 F 是符号变量 w 的函数，若 w 省略，默认返回结果为 w 的函数；f 为 t 的函数，当参数 t 省略时，默认变量为 x。

(2)Fourier 反变换。

f＝ifourier(F,w,t)

$>>$ syms t v u w x

$>>$ fourier(1/t)

ans $=$

i * pi * (1－2 * heaviside(w))

$>>$ fourier(exp(－x^2),x,t)

ans $=$

pi^(1/2) * exp(－1/4 * t^2)

$>>$ ifourier(1/(1＋w^2),u)

ans $=$

1/2 * exp(－u) * heaviside(u)＋1/2 * exp(u) * hea

viside(－u)

$>>$ ifourier(sym('fourier(f(x),x,w)'),w,x)

ans $=$

f(x)

4.3.2　Laplace 变换及其反变换

Laplace 变换与反变换的关系：

$$F(s)=\int_{0}^{\infty}f(t)\mathrm{e}^{-st}\mathrm{d}t\qquad f(t)=\frac{1}{2\pi\mathrm{j}}\int_{c-\mathrm{j}\infty}^{c+\mathrm{j}\infty}F(s)\mathrm{e}^{st}\mathrm{d}s$$

(1)Laplace 变换。

F＝laplace(f,t,s)　　%计算 f(t)的 Laplace 变换 F

返回结果 F 是符号变量 s 的函数，若 s 省略，则默认返回结果为 s 的函数；f 为 t 的函数，当参数 t 省略时，默认变量为 t。

（2）Laplace 反变换。

f＝ilaplace(F,s,t)

>> syms s t w x

>> laplace(exp(t))

ans ＝

1/(s－1)

>> laplace(sin(w * x),t)

ans ＝

w/(t^2＋w^2)

>> ilaplace(1/(s－1))

ans ＝

exp(t)

>> ilaplace(1/(1＋t^2))

ans ＝

sin(x)

4.3.3　Z 变换及其反变换

一个离散信号的 Z 变换和 Z 反变换的定义为：

$$F(z) = \sum_{n=0}^{\infty} f(n)z^{-n} \quad\quad f(n) = Z^{-1}|F(z)|$$

可以用 ztrans 和 iztrans 函数来进行 Z 变换和 Z 反变换。

（1）F＝ztrans(f,n,z)。

返回结果 F 是以符号变量 z 为自变量的函数；当参数 n 省略时，默认自变量为 n；当参数 z 省略时，返回结果默认为 z 的函数。

（2）f＝iztrans(F,z,n)。

4.4　符号表达式的操作

4.4.1　符号表达式的基本运算

4.4.1.1　运算符

四则运算：＋、－、*、\、/、^；

数组运算：. *、\.、\.、/.、^；

转置：'、.'；

4.4.1.2　运算函数

三角函数：sin、cos、tan、asin、acos、atan；

指数和对数函数：sqrt、exp、log；

复数函数：conj、real、imag、abs；

矩阵函数：diag、inv、det、rank、poly、eig。

```
>> syms x y a b
>> fun1=sin(x)+cos(y);
>> fun2=a+b;
>> fun1+fun2
ans =
sin(x)+cos(y)+a+b
>> fun1 * fun2
ans =
(sin(x)+cos(y)) * (a+b)
>> syms a b c d x y z w
>> p=[3 4 9 6;x y z w;a b c d]
p =
[ 3, 4, 9, 6]
[ x, y, z, w]
[ a, b, c, d]
>> p'
ans =
[3, conj(x), conj(a)]
[4, conj(y), conj(b)]
[9, conj(z), conj(c)]
[6, conj(w), conj(d)]
>> p.'
ans =
```

```
[ 3, x, a]
[ 4, y, b]
[ 9, z, c]
[ 6, w, d]
>> a=sym('[1 1/x x^2;sin(x) cos(x) tan
(x); log(x) 2 9]')
a =
[1,      1/x,      x^2]
[ sin(x), cos(x), tan(x)]
[ log(x), 2,        9]
>> a.^2
ans =
[1,      1/x^2,       x^4]
[ sin(x)^2, cos(x)^2, tan(x)^2]
[ log(x)^2,    4,       81]
>> rank(a)
ans =
3
>> det(a)
ans =
-(2 * tan(x) * x-tan(x) * log(x)-2 * sin
(x) * x^3-9 * cos(x) * x +cos(x) * x^3 *
log(x)+9 * sin(x))/x
```

4.4.2　因式分解

factor 函数的功能是将多项式分解为多个因式,各多项式的系数均是有理数。

factor(s)

```
>> syms x y;
>> factor(x^3-y^3)
ans =
(x-y) * (x^2+x * y+y^2)
>>
```

```
factor(sym('12345678901234567890'))
ans =
(2) * (3)^2 * (5) * (101) * (3803) * (3607)
 * (27961) * (3541)
```

4.4.3　嵌套

horner 函数可以将符号多项式嵌套表示,即用多层括号的形式表示。

horner(s)

```
>> syms x y;
>> horner(x^3−6 * x^2+11 * x−6)
ans =
−6+(11+(−6+x) * x) * x
```

```
>> horner([x^2+x;y^3−2 * y])
ans =
    (x+1) * x
(−2+y^2) * y
```

4.4.4　表达式展开

expand 函数可以将符号多项式展开表示。

expand(s)

```
>> syms x y t a b;
>> expand((x−2) * (x−4))
ans =
x^2−6 * x+8
>> expand(cos(x+y))
ans =
cos(x) * cos(y)−sin(x) * sin(y)
```

```
>> expand(exp((a+b)^2))
ans =
exp(a^2) * exp(a * b)^2 * exp(b^2)
>> expand([sin(2 * t)cos(2 * t)])
ans =
[ 2 * sin(t) * cos(t),2 * cos(t)^2−1]
```

4.4.5　合并同类项

(1)collect(s):对于多项式 s,按照默认变量的次数合并同类项;

(2)collect(s,v):按指定的变量 v 进行合并符号表达式同类项运算。

```
>> syms x y;
>> R1 = collect((exp(x)+x) * (x+2))
R1 =
x^2+(exp(x)+2) * x+2 * exp(x)
>> R2 = collect((x+y) * (x^2+y^2+1),
y)
```

```
R2 =
y^3+x * y^2+(x^2+1) * y+x * (x^2+1)
>> R3 = collect([(x+1) * (y+1),x+
y])
R3 =
[ (y+1) * x+y+1, x+y]
```

4.4.6　符号表达式的简化

4.4.6.1　**simplify 函数**

simplify(s)函数对符号表达式 s 中的每一个元素进行简化。

```
>> syms x
>> fun1=[(x2+5*x+6)/(x+2),sqrt(16)];
>> simplify(fun1)
ans =
[ x+3, 4]
```

```
>> fun2=sin(x)^2+cos(x)^2;
>> simplify(fun2)
ans =
1
```

4.4.6.2　simple 函数

(1)simple(s)命令使用多种代数简化方法对 s 进行化简,并显示最简单的结果。

(2)[R,how]=simple(s)命令在返回最简单结果的同时,返回一个描述简化方法的字符串 how。

```
>> s=2*cos(x)^2-sin(x)^2
s =
2*cos(x)^2-sin(x)^2
>> [sim,how]=simple(s)
```

```
sim =
3*cos(x)^2-1
how =
simplify
```

4.4.7　替换求值

使用 subs 函数可以将符号表达式中的字符型变量用数值型变量代替求值。

(1)subs(f):将符号表达式 f 中的符号变量用调用函数或者工作区内的值代替;

(2)subs(f,new):将表达式 f 中的变量用数值型变量或者表达式 new 代替;

(3)subs(f,old,new):将表达式 f 中的符号变量 old 用数值变量或者表达式 new 代替。

```
>> syms a b t;
>> y = a*exp(-b*t);
>> a=2;b=4;
>> subs(y)
ans =
2*exp(-4*t)
clear
>> syms a b t;
```

```
>> subs(exp(a*t),a,-magic(2))
ans =
[ exp(-t), exp(-3*t)]
[ exp(-4*t), exp(-2*t)]
>> subs(a*b,{a,b},{[0 1;-1 0],[1 -1;-2 1]})
ans =
    0    -1
    2     0
```

4.5　MATLAB 在微积分中的应用

4.5.1　极限的符号运算

在微积分中,很多概念是用极限定义的,例如导数和定积分。在 MATLAB 中,极限的求解可由 limit 函数来实现,limit 函数的格式及功能见表 4-2。

表 4-2　limit 函数的格式及功能

MATLAB 函数名		函数功能
双侧极限	$limit(F,x,a)$	计算　$\lim\limits_{x \to a}F(x)$
	$limit(F,x,inf)$	计算　$\lim\limits_{x \to \infty}F(x)$
	$limit(F)$	计算　$\lim\limits_{x \to 0}F(x)$
	$limit(F,a)$	计算　$\lim\limits_{x \to a}F(x)$（$x$ 为默认自变量）
单侧极限	$limit(F,x,a,'right')$	计算　$\lim\limits_{x \to a^+}F(x)$
	$limit(F,x,a,'left')$	计算　$\lim\limits_{x \to a^-}F(x)$
	$limit(F(x),x,inf,'left')$	计算　$\lim\limits_{x \to +\infty}F(x)$
	$limit(F(-x),x,inf,'left')$	计算　$\lim\limits_{x \to -\infty}F(x)$

【例 4.5】　求下列数列的极限。

(1) $\lim\limits_{n \to \infty}\dfrac{\sqrt{n^2+a^2}}{n}$；　(2) $\lim\limits_{n \to \infty}3^n\sin\dfrac{\pi}{3^n}$。

解：syms n a

r1＝limit(sqrt(n^2＋a^2)/n,n,inf,'left'),输出 r1 ＝1;

r2＝limit(3^n＊sin(pi/3^n),n,inf,'left'),输出 r2 ＝pi。

【例 4.6】　求下列函数的极限。

(1) $\lim\limits_{x \to 1}(\dfrac{1}{1-x}-\dfrac{3}{1-x^3})$；　(2) $\lim\limits_{x \to 0^-}\dfrac{|x|}{x}$。

解：syms x h t

f1＝limit(1/(1－x)－3/(1－x^3),x,1),输出 f1 ＝－1;

f2＝limit(abs(x)/x,x,0,'left'),输出 f2 ＝－1。

【例 4.7】　求下列函数的极限。

(1) $\lim\limits_{(x,y)\to(0,0)} \dfrac{2-\sqrt{xy+4}}{xy}$；　(2) $\lim\limits_{(x,y)\to(1,0)} \dfrac{\ln(x+e^y)}{\sqrt{x^2+y^2}}$。

解：syms x y；

p1＝limit(limit((2－sqrt(x＊y＋4))/(x＊y),x,0),y,0),输出 p1 ＝－1/4；

p2＝limit(limit(log(x＋exp(y))/sqrt(x^2+y^2),x,1),y,0),输出 p2 ＝log(2)。

4.5.1.1　一阶微分的计算

在 MATLAB 中,显函数求导可通过 diff 函数来实现,其一般格式为:

diff(F,x):对表达式 F 求关于符号变量 x 的一阶导数或一阶偏导数。

diff(F):对表达式 F 求关于默认自变量的一阶导数或偏导数。

【例 4.8】　求下列函数的一阶导数。

(1) $y = 2\tan x + \sec x - 1$；　(2) $y = e^{\arctan\sqrt{x}}$。

解：syms x

d3＝diff(2＊tan(x)－sec(x)－1,x) 输出 d3 ＝2＋2＊tan(x)^2－sec(x)＊tan(x)

d4＝diff(exp(atan(sqrt(x))),x) 输出 d4 ＝1/2/x^(1/2)/(1＋x)＊exp(atan(x^(1/2)))

【例 4.9】　求下列函数在给定点的一阶导数。

(1) $f(x) = \dfrac{3}{5-x} + \dfrac{x^2}{5}$，求 $f'(0)$；　(2) $f(x) = \sin x - \cos x$，求 $f'\left(\dfrac{\pi}{6}\right)$。

解：syms x

d1＝diff(3/(5－x)＋x^2/5,x);

r1＝subs(d1,x,0) 输出 r1 ＝ 0.12

d2＝diff(sin(x)－cos(x),x);

r2 ＝ subs (d1, x, pi/6) 输出 r2 ＝ 0.3592

【例 4.10】　求下列函数的偏导数。

(1) $z = x^2 + xy + y^2$；　(2) $z = x^y \ln(ax + by)$。

解：syms x y a b；

z＝x^2＋x＊y＋y^2;

zx＝diff(z,x) 输出 zx ＝2＊x＋y

zy＝diff(z,y) 输出 zy ＝x＋2＊y

z＝x^y＊log(a＊x＋b＊y);

zx＝diff(z,x)

zx ＝x^y＊y/x＊log(a＊x＋b＊y)＋x^y＊a/(a＊x＋b＊y)

zy＝diff(z,y)

zy ＝x^y＊log(x)＊log(a＊x＋b＊y)＋x^y＊b/(a＊x＋b＊y)

【例 4.11】　求由方程 $e^y + xy - e = 0$ 所确定的隐函数的导数。

解：syms x y

F＝exp(y)＋x＊y－exp(1);

yx=－diff(F,x)/diff(F,y) 输出 yx =－y/(exp(y)＋x)。

【例 4.12】 求参数方程 $\begin{cases} x = a\cos t, \\ y = b\sin t, \end{cases}$ 所确定函数的导数。

解：syms a b t;　　　　　　　　　　yx=diff(y,t)/diff(x,t)

x=a * cos(t);　　　　　　　　　　　输出 yx =－b * cos(t)/a/sin(t)

y=b * sin(t);

【例 4.13】 求下列函数的微分 (1) $y = \tan^2(1+x^2)$;　(2) $y = \ln(1-x^2)$。

解：syms x dx　　　　　　　　　　　y2=log(1－x^2);

y1=(tan(1+2 * x^2));　　　　　　　dy2=diff(y2,x) * dx

dy1=diff(y1,x) * dx　　　　　　　　dy2 =

dy1 =　　　　　　　　　　　　　　－2 * x/(1－x^2) * dx

4 * (1+tan(1+2 * x^2)^2) * x * dx

【例 4.14】 计算 $\sqrt{1.05}$ 的近似值。

解：syms x;

y=sqrt(x);

dy=subs(subs(diff(y,x) * dx,x,1),dx,0.05) 输出 dy = 0.0250

因此 $\sqrt{1.05} \approx 1+dy = 1.025$ 。

4.5.2　高阶微分的计算

【例 4.15】 求下列函数的 2 阶导数。

(1) $y = x\cos x$;　(2) $y = \ln(x+\sqrt{1+x^2})$。

解：syms x y1 y2;　　　　　　　　　y2=log(x+sqrt(1+x^2));

y1=x * cos(x);　　　　　　　　　　dy22=simple(diff(y2,x,2))

dy12=diff(y1,x,2)　　　　　　　　dy22 =

dy12 =　　　　　　　　　　　　　－x/(1+x^2)^(3/2)

－2 * sin(x)－x * cos(x)

由于高阶导数的符号表达式通常很复杂,上例使用了 simple 函数,其功能是对表达式进行化简。

【例 4.16】 求 $z = x^y$ 的所用 2 阶偏导数。

syms z x y;

z=x^y;

zxx=simple(diff(z,x,2)) 输出 zxx = x^y * y * (y－1)/x^2

zyy＝simple(diff(z,y,2)) 输出 zyy ＝x^y * log(x)^2

zxy＝simple(diff(diff(z,x),y)) 输出 zxy ＝x^y/x * (y * log(x)＋1)

zyx＝simple(diff(diff(z,y),x)) 输出 zyx ＝x^y/x * (y * log(x)＋1)

【例 4.17】 求 $y = x^2 e^{20}$ 在 x＝0 处的 20 阶导数。

解：syms x y;

y＝x^2 * exp(2 * x);

y20＝subs(diff(y,x,20),x,0) 输出 y20 ＝ 99614720

4.5.3　定积分的计算

int 函数的调用格式和功能见表 4-3，

表 4-3　int 函数的调用格式和功能

调用格式		功　　能
不定积分	int(f)	计算 $\int f(x)\mathrm{d}x$
	int(f,x)	计算 $\int f(x)\mathrm{d}x$
	int(f,x)	计算 $\int f(x,y)\mathrm{d}x$
定积分	int(f,a,b)	计算 $\int_a^b f(x)\mathrm{d}x$
	int(f,x,a,b)	计算 $\int_a^b f(x,y)\mathrm{d}x$
	int(f,t,u(x),v(x))	计算 $\int_{u(x)}^{v(x)} f(t,y)\mathrm{d}t$
广义积分	int(f,x,a,＋inf)	计算 $\int_a^{+\infty} f(x)\mathrm{d}x$
	int(f, x,－inf,b)	计算 $\int_{-\infty}^b f(x)\mathrm{d}x$
	int(f, x,－inf,＋inf)	计算 $\int_{-\infty}^{+\infty} f(x)\mathrm{d}x$

【例 4.18】 计算下列函数的不定积分。

(1) $\int x\sin x\mathrm{d}x$；　(2) $\int \dfrac{1}{\sin x + \tan x}\mathrm{d}x$。

解：syms x C

F1＝int(x * sin(x),x)＋C

F1＝sin(x)－x * cos(x)＋C

F2＝int(1/(sin(x)＋tan(x)),x)＋C

F2＝－1/4 * tan(1/2 * x)^2＋1/2 * log(tan (1/2 * x))＋C

【例 4.19】 计算下列函数的定积分。

$(1) \int_1^2 (x^2 + \frac{1}{x^4}) \mathrm{d}x$； $(2) \int_0^{\frac{\pi}{2}} \sin t \cos^3 t \mathrm{d}t$。

解：syms x y t；

f1＝int(x^2+1/x^2,x,1,2)

f1 ＝17/6

f2＝int(sin(t) * (cos(t))^3,t,0,pi/2)

f2 ＝1/4

【例 4. 20】 计算下列积分。

$(1) \int_{\sqrt{x}}^{2x} t^2 \mathrm{d}t$； $(2) \int_x^{x^2} x \mathrm{e}^t \mathrm{d}t$

解：syms x t；

b1＝int(t^2,t,sqrt(x),2 * x)

b1 ＝8/3 * x^3−1/3 * x^(3/2)

b2＝int(x * exp(t),t,x,x^2)

b2 ＝ x * exp(x^2)−x * exp(x)

【例 4. 21】 $\iint_D (x^3 + 3x^2 y + y^3) \mathrm{d}x\mathrm{d}y$, $D = \{(x,y) | 0 \leqslant x \leqslant 1, 0 \leqslant y \leqslant 1\}$。

解：syms x y；

result＝int(int('x^3+3 * x^2 * y+y^3',x,0,1),y,0,1)

result ＝1

【例 4. 22】 $\iiint_\Omega \frac{\mathrm{d}x\mathrm{d}y\mathrm{d}z}{(1+x+y+z)^3}$, Ω 为平面 $x = 0$, $y = 0$, $z = 0$, $x + y + z = 1$ 所围成的四面体。

解：syms x y z；

result＝int(int(int('1/(1+x+y+z)^3',z,0,1−x−y),y,0,1−x),x,0,1)

Warning: Explicit integral could not be found.

＞ In sym. int at 58

result ＝ −5/16+1/2 * log(2)

result＝eval(result)

result ＝ 0. 0341

【例 4. 23】 计算 $\int_L (x^2 + 2y^3) \mathrm{d}s$, L 为椭圆 $\begin{cases} x = 2\cos t, \\ y = 5\sin t, \end{cases}$ $0 \leqslant t \leqslant \pi$ 。

解：针对形如

$$\int_L f(x,y) \mathrm{d}s \text{ , } L \text{ 的参数方程} \begin{cases} x = \varphi(t), \\ y = \psi(t), \end{cases} \quad a \leqslant t \leqslant b$$

积分，编写 M 文件，以方便今后调用。

```
function I=fci(fx,fy,fun,c,d)          fun=fx^2+2 * fy^3;
syms t;                                fun=fx^2+2 * fy^3;c=0;d=pi;
x=fx;dx=diff(fx,t);                    I=simple(fci(fx,fy,fun,c,d))
y=fy;dy=diff(fy,t);                    I=11875/21−160/63 * EllipticK(1/5 * 21^(1/2))+
z=fun * sqrt(dx^2+dy^2);               1840/63 * EllipticE(1/5 * 21^(1/2))−2750/
I=int(z,t,c,d);                        441 * 21^(1/2) *
调用上述程序                            log(−(−527+115 * 21^(1/2))/(527+115 *
syms t;                                21^(1/2)))
fx=2 * c0s(t);fy=5 * sin(t);           I=single(fci(fx,fy,fun,c,d))
fx=2 * cos(t);fy=5 * sin(t);           I = 951.2756
```

【例 4.24】　计算 $\oiint_{\Sigma} xyz\,\mathrm{d}S$，其中 Σ 由坐标面及 $x+y+z=a\,(a>0)$ 所围成的四面体的整个边界曲面。

解：$\Sigma=S_1+S_2+S_3+S_4$，其中 S_1、S_2、S_3 为相应坐标面部分，S_4 为对应 $x+y+z=a$ 部分。由于被积函数在 S_1、S_2、S_3 为 0，因此 $\oiint_{\Sigma} xyz\,\mathrm{d}S=\iint_{S_4} xyz\,\mathrm{d}S$。

```
syms x y;                              I=int(int(x * y * z * w,y,0,a−x),x,0,a)
syms x y; syms a positive;            I = 1/120 * 3^(1/2) * a^5
z=a−x−y;w=sqrt(1+diff(z,x)^2+diff(z,y)^2);
```

4.5.4　微分方程与差分方程的求解

利用 MATLAB 软件解常微分方程（组）可以通过 dsolve( )函数来实现。dsolve 函数描述微分方程时，导数符号用 D 表示，例如 $\dfrac{\mathrm{d}y}{\mathrm{d}x}$ 表示为 Dy、$y^{(5)}$ 表示为 D5y、$y''(2)=9$ 表示为 D3y(2)=9。dsolve 调用格式为：

dsolve('微分方程')

给出微分方程的解析解，并且系统指定 t 为自变量。

dsolve('微分方程','初始条件')

给出微分方程初值问题的解，并且系统指定 t 为自变量。

dsolve('微分方程','x')

给出微分方程的解析解，并且 x 为自变量。

dsolve('微分方程','初始条件','x')

给出微分方程初值问题的解，并且 x 为自变量。

【例 4.25】　求微分方程 $y'=ay$ 的通解和 $y'(0)=b$ 时的特解。

解：$y=dsolve('Dy=a*y')$

$y = C1*exp(a*t)$

$y=dsolve('Dy=a*y','y(0)=b')$

$y = b*exp(a*t)$

也可以采用如下命令

syms t y a b;

$y=dsolve('Dy=a*y','y(0)=b')$

$y = b*exp(a*t)$

如果微分方程为隐函数形式,这时可用 lambertw 函数表示。

【例 4.26】 求微分方程 $y'=y^2(1-y)$ 的通解。

解：$y=dsolve('Dy=y^2*(1-y)','x')$

$y = 1/(lambertw(-1/C1*exp(-x-1))+1)$

【例 4.27】 解 Bernoulli 方程 $y'+\dfrac{y}{x}=a(\ln x)y^2$ 。

解：$y=dsolve('Dy+y/x=a*y^2*log(x)','x')$

$y = -2/(a*log(x)^2-2*C1)/x5''$

【例 4.28】 求 $y''-4y'=e^{2x}$ 的通解。

解：$y=dsolve('D2y-4*Dy=exp(2*x)','x')$

$y = -1/4*exp(2*x)+1/4*exp(4*x)*C1+C2$

【例 4.29】 解微分方程组 $\begin{cases} \dfrac{\mathrm{d}y}{\mathrm{d}x}+4z=\sin(x), \\ \dfrac{\mathrm{d}y}{\mathrm{d}x}+3\dfrac{\mathrm{d}z}{\mathrm{d}x}=\cos(x)。 \end{cases}$

解：$eq1='Dy+4*z=sin(x)';eq2='Dy+3*Dz=cos(x)';$

$yz=dsolve(eq1,eq2,'x');y=yz.y,z=yz.z$

$y = 4/25*sin(x)+3/25*cos(x)-3*exp(4/3*x)*C2+C1$

$z = -1/25*cos(x)+7/25*sin(x)+exp(4/3*x)*C2$

【例 4.30】 解微分方程组 $\begin{cases} \dfrac{\mathrm{d}f}{\mathrm{d}t}=2f+3g, \\ \dfrac{\mathrm{d}g}{\mathrm{d}t}=f-2g, \end{cases} \quad f(0)=1, \quad g(0)=2。$

解：$eq1='Df=2*f+3*g';eq2='Dg=f-2*g';$

$fg=dsolve(eq1,eq2,'f(0)=1','g(0)=2');$

$f=simple(fg.f),g=simple(fg.g)$

$f = (1/2+4/7*7^{\wedge}(1/2))*exp(7^{\wedge}(1/2)*t)+(1/2-4/7*7^{\wedge}(1/2))*exp(-7^{\wedge}(1/2)*t)$

$g = -3/14*7^{\wedge}(1/2)*exp(7^{\wedge}(1/2)*t)+exp(7^{\wedge}(1/2)*t)+$

$3/14*exp(-7^{\wedge}(1/2)*t)*7^{\wedge}(1/2)+exp(-7^{\wedge}(1/2)*t)$

4.5.5 常微分方程初值问题的 MATLAB 求解

表 4-4 列出了常微分方程初值问题求解的 MATLAB 函数。

表 4-4　微分方程初值问题的计算函数

函数名	问题类型	解的精度	数值方法
ode45	非刚性问题	精度较高	单步法，4、5 阶 Runge－Kutta 方法
ode23	非刚性问题	精度较低	单步法，2、3 阶 Runge－Kutta 方法
ode113	非刚性问题	可高可低	多步法，Adams 方法
ode15s	刚性问题	精度中等	多步法，Gear's 方法
ode23s	刚性问题	精度较低	单步法，2 阶 Rosenbrock 方法
ode23t	适度刚性问题	精度较低	梯形方法
ode23bt	刚性问题	精度较低	单步法，2、3 阶 Runge－Kutta 方法

4.5.5.1　ode45 函数

ode45 函数是解非刚性(non-stiff)问题最常用的方法，其调用格式为：

$$[x, y] = ode45(odefun, xspan, y0)$$

其中，odefun 是微分方程函数 f(x,y)；xspan 是求解区间，即 xspan＝[x0, xfinal]；x0 为自变量的初始点；xfinal 为自变量的终点；y0 为初值，即 y0＝y(x0)。

【例 4.31】　求微分方程 $\begin{cases} \dfrac{dy}{dx} = y - 2\dfrac{x}{y}, \\ y(0) = 1, \end{cases}$ （$0 < x < 1$）的数值解。

解：odefun＝inline('y−2＊x./y','x','y');　　plot(x,sqrt(1＋2＊x),'k')

[x,y]＝ode45(odefun,[0,1],1);　　　　　 xlabel('x');

plot(x,y,'k.')　　　　　　　　　　　　 ylabel('y');

hold on;

运行结果如图 4-1 所示

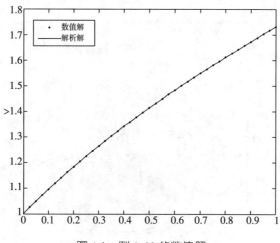

图 4-1　例 4.31 的数值解

【例 4.32】　求 Lorents 模型 $\begin{cases} x'_1(t) = -\beta x_1(t) + x_2(t)x_3(t), \\ x'_2(t) = -\sigma x_2(t) + \sigma x_3(t), \\ x'_3(t) = -x_1(t)x_2(t) + \rho x_2(t) - x_3(t) \end{cases}$ 的数值解。

其中：$\sigma = 10$，$\rho = 28$，$\rho = \dfrac{8}{3}$，$x_1(0) = x_2(0) = x_3(0) = \varepsilon = 10^{-10}$。

解： function xdot＝lorenzeq(t,x)

xdot＝[－8/3＊x(1)＋x(2)＊x(3)；－10＊x(2)＋10＊x(3)；－x(1)＊x(2)＋28＊x(2)－x(3)]；

[t,x]＝ode45(@lorenzeq,[0,100],[0;0;1.0e－10])；

plot(t,x)；%绘出状态变量的时间相应图

figure；plot3(x(:,1),x(:,2),x(:,3))；%绘出相空间三维图

axis([10 42 －20 20 －20 26])；

xlabel('x1')；ylabel('x2')；zlabel('x3')；

运行结果分别如图 4-2、图 4-3 所示

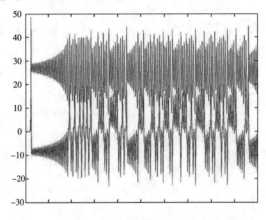

图 4-2　状态空间的时间响应图

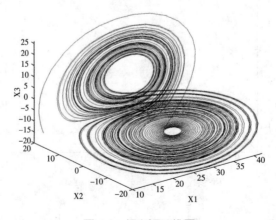

图 4-3　相空间三维图

【例 4.33】 求解差分方程

$$\begin{bmatrix} x(n+1) \\ y(n+1) \end{bmatrix} = \begin{bmatrix} 0 & 1 \\ 1 & \cos(k\pi) \end{bmatrix} \begin{bmatrix} x(n) \\ y(n) \end{bmatrix} + \begin{bmatrix} \sin(\frac{n\pi}{2}) \\ 1 \end{bmatrix} u(n)$$

其中，$\begin{bmatrix} x(0) \\ y(0) \end{bmatrix} = \begin{bmatrix} 0 \\ 0 \end{bmatrix}$，$u(n) = \begin{cases} 1, & n = 0, 2, 4, \cdots, \\ -1, & n = 1, 3, 5, \cdots。 \end{cases}$

解： x0＝[1 1]′；x＝x0；

```
for n=1:100
if rem(n,2)==0,u=1;else u=-1;end
F=[0 1;1 cos(n*pi)];G=[sin(n*pi/2);1];x1=F*x0+G*u;x0=x1;x=[x x1];end
subplot(2,1,1),stairs(x(1,:)),subplot(2,1,2),stairs(x(2,:))
```

运行结果如图 4-4 所示。

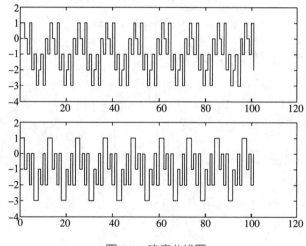

图 4-4　响应曲线图

【例 4.34】 解非线性差分方程

$$y(t) = \frac{y(t-1)^2 + 1.1y(t-1)}{1 + y(t-1)^2 + 0.2y(t-2) + 0.4y(t-3)} + 0.1u(t)$$

这里 $u(t) = \sin(t)$，且采样周期 $T = 0.05$。

解：

```
y0=zeros(1,3);T=0.05;t=0:T:4*pi;u=sin(t);
for i=1:length(t)
y(i)=(y0(3)^2+1.1*y0(2))/(1+y0(3)^2+0.2*y0(2)+0.4*y0(1))+0.1*u(i);
y0=[y0(2:3),y(i)];
end
plot(t,y,t,u);
```

运行结果如图 4-5 所示。

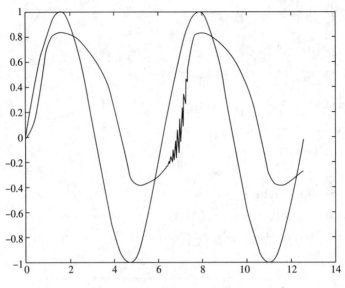

图 4-5   差分方程数值解曲线

4.5.6   无穷级数的求解

【例 4.35】 求 (1) $\sum\limits_{n=1}^{7}\dfrac{1}{n^2}$, (2) $\sum\limits_{n=1}^{11}\dfrac{1}{n^2}\sin\dfrac{n\pi}{2}$, (3) $\sum\limits_{n=1}^{101}\dfrac{1}{(2n+1)(2n-1)}$。

解: syms n;

s1＝symsum(1/n^2,n,1,7)

s1 ＝266681/176400

s2＝symsum(1/n^2 * sin(n * pi/2),n,1,11)

s2 ＝10956424/12006225

s3＝symsum(1/((2 * n＋1) * (2 * n－1)),

n,1,101)

s3 ＝101/203

【例 4.36】 求 (1) $\sum\limits_{n=1}^{\infty}\dfrac{1}{n^2}$, (2) $\sum\limits_{n=1}^{\infty}\dfrac{1}{2^n}\sin\dfrac{n\pi}{2}$。

解: syms n;

s1＝symsum(1/n^2,n,1,inf)

s1 ＝1/6 * pi^2

s2＝symsum((sin(n * pi/2))/2^n,n,1,inf)

s2 ＝2/5

s3＝symsum(sin(1/n^2),n,1,inf)

【例 4.37】 求 (1) $\sum\limits_{n=0}^{\infty}\dfrac{x^n}{n!}$, (2) $\sum\limits_{n=0}^{\infty}\dfrac{(-1)^n}{n+1}x^{n+1}$。

解: syms x n;

s1＝symsum(x^n/sym('n!'),n,0,inf)

s1 ＝exp(x)

s2＝symsum((－1)^n * x^(n＋1)/(n＋1),

n,0,inf)

s2 ＝log(1＋x)

s3＝symsum((－1)^n * x^(2 * n)/sym('(2 *

n)!'),n,0,inf)

s3 ＝cos(x)

【例 4.38】 求函数 $f(x)=\dfrac{1}{\sqrt{1+x^2}}$ 的 5 阶 Maclaurin 多项式。

解：syms x;f=1/sqrt(1+x^2);　　　　mf5 =1−1/2 * x^2+3/8 * x^4

mf5=taylor(f)

【例 4.39】 求函数 $f(x)=\dfrac{1}{x}$ 关于 $x-3$ 的 3 阶 Taylor 多项式。

解：syms x; f=1/x;　　　　tf7

tf7=taylor(f,x,4,3)　　=2/3−1/9 * x+1/27 * (x−3)^2−1/81 * (x−3)^3

下面是在 $(-\pi,\pi)$ 将函数 f(x) 展开成 n 阶傅立叶级数的 fseries 函数。

```
function [A,B,F]=fseries(f,x,n)        bn=int(f * sin(i * x),x,−pi,pi)/pi;
A=int(f,x,−pi,pi)/pi;B=[];F=A/2;       A=[A,an]; B=[B,bn];
for i=1:n                              F=F+an * cos(i * pi * x)+bn * sin(i * pi * x);
    an=int(f * cos(i * x),x,−pi,pi)/pi; end
```

【例 4.40】 求 x^2-x 在 $(-\pi,\pi)$ 的 2 阶傅立叶级数。

解：下面是在 $(-\pi,\pi)$ 将函数 f(x) 展开成 n 阶傅立叶级数的 fseries 函数。

```
function [A,B,F]=fseries(f,x,n)
A=int(f,x,−pi,pi)/pi;B=[];F=A/2;
for i=1:n
an=int(f * cos(i * x),x,−pi,pi)/pi;
bn=int(f * sin(i * x),x,−pi,pi)/pi;
A=[A,an]; B=[B,bn];
F=F+an * cos(i * pi * x)+bn * sin(i * pi * x);
end
```

解：调用 fseries 函数即可，其结果如下。

```
syms x;f=x^2−x;
[A,B,F]=fseries(f,x,2)
A =[ 2/3 * pi^2, −4, 1]
B =[ −2, 1]
F
=1/3 * pi^2−4 * cos(pi * x)−2 * sin(pi *
x)+cos(2 * pi * x)+sin(2 * pi * x)
```

【例 4.41】 $f(x)$ 以 2π 为周期，它在 $[-\pi,\pi]$ 的表达式为 $f(x)=x$ ，求 $f(x)$ 的 4 阶正弦傅立叶级数展式。

解：函数展开成正弦傅立叶级数的 M 函数为 sfseries. m。

```
function [B,F]=sfseries(f,x,n)
B=[];F=0;
for i=1:n
    bn=int(f * sin(i * x),x,−pi,pi)/pi;
    B=[B,bn];
    F=F+bn * sin(i * pi * x);
```

```
end
syms x;f=x;
[B,F]=sfseries(f,x,4)
B =[ 2, −1, 2/3, −1/2]
F
=2 * sin(pi * x)−sin(2 * pi * x)+2/3
* sin(3 * pi * x)−1/2 * sin(4 * pi * x)
```

第 5 章　MATLAB 图形制作

本章主要对 MATLAB 的图形制作进行介绍,主要包括平面图形的各种函数,例如 plot、ezplot、polar、ezpolar、fplot、ezcontour 等,以及空间图形函数 plot3,mesh,surf。然后介绍高级图形和动画的有关制作方法。

5.1　函数 plot

plot 是 MATLAB 中最常用的画平面曲线的函数,它的主要功能是用于绘制显式函数 $y = f(x)$ 和参数式函数 $x = x(t)$, $y = y(t)$ 的平面曲线。Plot 函数的调用格式如下:

　　plot(x, y, '可选项 s')

其中 x 是曲线上的横坐标,y 是曲线上的纵坐标,'可选项 s'中通常包含确定曲线颜色、线型、两坐标轴上的比例等参数。

5.1.1　图形标注

有关图形标注函数的调用格式为:

title(图形名称);

xlabel(x 轴说明);

ylabel(y 轴说明);

text(x, y, 图形说明);

legend(图例 1, 图例 2, …)。

5.1.2　坐标控制

有关坐标控制函数的调用格式为:

axis([xmin xmax ymin ymax zmin zmax])

axis 函数功能丰富,常用的用法还有:

axis equal:纵、横坐标轴采用等长刻度;

axis square:产生正方形坐标系(缺省为矩形);

axis auto:使用缺省设置;

axis off:取消坐标轴;

axis on:显示坐标轴。

grid on/off 命令控制是画还是不画网格线,不带参数的 grid 命令在两种状态之间进行切换。box on/off 命令控制是加还是不加边框线,不带参数的 box 命令在两种状态之间进行切换。

用户在作图时可以根据需要选择可选项。如果用户在绘图时不用可选项,那么 Plot 函数将自动选择一组默认值,画出曲线。下面将通过例题逐步介绍。

【例 5.1】　某工厂 2000 年各月总产值(单位:万元)分别为 22、60、88、95、56、23、9、10、14、81、56、23,试绘制折线图以显示出该厂总产值的变化情况。

解:因为横坐标为序号 $1,2,\cdots,12$,所以作图时,只需输入下列程序:

＞＞程序如下:

```
p=[22,60,88,95,56,23,9,10,14,81,56,23];
plot(p)
```

运行后屏幕显示数据点 (x_i,y_i) 的折线(见图 5-1)。

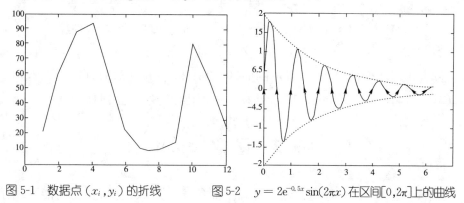

图 5-1　数据点 (x_i,y_i) 的折线　　图 5-2　$y=2\mathrm{e}^{-0.5x}\sin(2\pi x)$ 在区间 $[0,2\pi]$ 上的曲线

【例 5.2】　在 $0\leqslant x\leqslant 2\pi$ 区间内,用不同线型和颜色在同一坐标内绘制曲线 $y=2\mathrm{e}^{-0.5x}\sin(2\pi x)$ 及其包络线。

解:输入下列程序:

```
＞＞ x=(0:pi/100:2*pi)';        x1=(0:12)/2;
    y1=2*exp(-0.5*x)*[1,-1];   y3=2*exp(-0.5*x1).*sin(2*pi*x1);
    y2=2*exp(-0.5*x).*sin(2*pi*x);   plot(x,y1,'g:',x,y2,'b--',x1,y3,'rp');
```

运行后屏幕显示函数 $y=2\mathrm{e}^{-0.5x}\sin(2\pi x)$ 在区间 $[0,2\pi]$ 上的光滑的曲线及其包络线(见图 5-2)。

【例 5.3】:作出参数函数 $x=a\sin(mt),y=a\cos(nt)$ 在区间 $[0,2\pi]$ 上的图形,其中 $a=7,m=3,n=5$。

解:输入下列程序:

```
＞＞ a=7;m=3;n=5;              x=a*sin(m*t);y=a*cos(n*t);
    t=0:pi/60:2*pi;            plot(x,y,'b-.')
```

运行后屏幕显示参数函数 $x=a\sin(mt)$，$y=a\cos(nt)$ 在区间 $[0,2\pi]$ 上 121 个点连成的光滑的曲线(见图 5-3)。

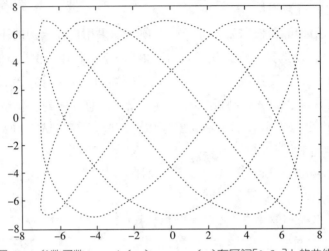

图 5-3　参数函数 $x=a\sin(mt)$，$y=a\cos(nt)$ 在区间 $[0,2\pi]$ 上的曲线

读者可以改变此例中 m 与 n 的值，例如取 $(m,n)=(2,3),(2,5),(2,7),(3,5),(3,7),(4,5),(4,7),\cdots,(14,15)$ 等，将会画出许多有趣的曲线。

5.2　函数 ezplot

ezplot 是 MATLAB 中另外一种画平面曲线的函数，它的主要功能是用于绘制隐函数 $F(x,y)=0$、参数式函数 $x=x(t)$，$y=y(t)$ 和显式函数 $y=f(x)$ 的平面曲线。下面分别给予介绍。

5.2.1　绘制隐函数的平面曲线

5.2.1.1　绘制隐函数 $F(x,y)=0$ 在 $a\leqslant x\leqslant b$ 和 $c\leqslant y\leqslant d$ 的平面曲线

(1)绘制隐函数 $F(x,y)=0$ 在 $a\leqslant x\leqslant b$ 和 $c\leqslant y\leqslant d$ 上的图形的调用格式为

$$\text{ezplot(F, [a,b,c,d])}$$

(2)当 $a=c$，$b=d$ 时，即绘制隐函数 $F(x,y)=0$ 在 $a\leqslant x\leqslant b$ 和 $a\leqslant y\leqslant b$ 的图形的调用格式为：

$$\text{ezplot(F, [a,b])}$$

【例 5.4】　绘制隐函数 $\dfrac{\sin\sqrt{x^2+y^2}}{\sqrt{x^2+y^2}}=1$ 在 $-6\pi\leqslant x\leqslant 6\pi$，$-5.6\pi\leqslant y\leqslant 6.6\pi$ 上的图形。

解：输入命令：

>> ezplot('sin(sqrt(x^2+y^2))/sqrt(x^2+y^2)',
[−6 * pi,6 * pi], [−5. 6 * pi,6. 6 * pi])

运行后画出图形,见图 5-4。

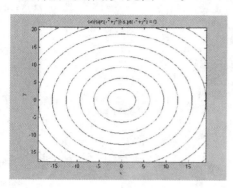
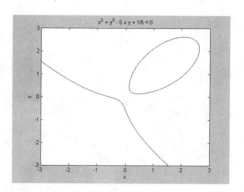

图 5-4　隐函数 $\dfrac{\sin\sqrt{x^2+y^2}}{\sqrt{x^2+y^2}}=1$ 在 $-6\pi\leqslant$　图 5-5　隐函数 $x^3+y^3-5xy=-1/5$
x$\leqslant 6\pi$, $-5.6\pi\leqslant y\leqslant 6.6\pi$ 上的图形　　　　　在 $-3<x<3$, $-3<y<3$ 上的图形

【例 5.5】　绘制隐函数 $x^3+y^3-5xy=-1/5$ 在 $-3<x<3$, $-3<y<3$ 上的图形。

解:输入命令:

>> ezplot('x^3 + y^3 − 5 * x * y + 1/5',[−3,3])

运行后画出 $x^3+y^3-5xy=-1/5$ 在 $-3<x<3$, $-3<y<3$ 上的图形,见图 5-5。

5.2.1.2　不指定 x,y 的范围绘制隐函数 $F(x,y)=0$ 的平面曲线

绘制隐函数 $F(x,y)=0$ 的图形时,如果不易估计 x,y 的范围,可以调用格式

$$\text{ezplot}(F)$$

缺省值域为 $-2\pi\leqslant x\leqslant 2\pi$ 和 $-2\pi\leqslant y\leqslant 2\pi$ 。

【例 5.6】　绘制隐函数 $x^4+y^4-8x^2-10y^2=a,a=-16$ 的图形。

解:输入命令:

>>syms x y

F=x^4+y^4−8 * x^2−10 * y^2+16; ezplot(F)

运行后画出隐函数 $x^4+y^4-8x^2-10y^2=-16$ 的图形,见图 5-6。如果改变参数 a ,图形的形状也会随之改变。

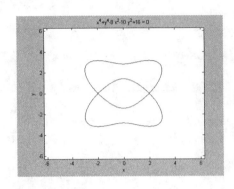

图 5-6　隐函数 $x^4 + y^4 - 8x^2 - 10y^2$
$= -16$ 的图形

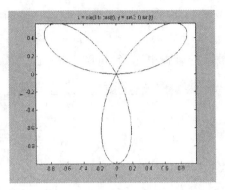

图 5-7　参数函数 $x = \sin(3t)\cos t$，
$y = \sin(3t)\sin t$ 在 $[0,\pi]$ 上的图形

5.2.1.3　绘制隐函数 $F(x,y) = 0$ 在 $x_{\min} \leqslant x \leqslant x_{\max}$ 和 $y_{\min} \leqslant y \leqslant y_{\max}$ 上的平面曲线

可以调用格式

$$\text{ezplot } (F, [x\min, x\max, y\min, y\max])$$

5.2.2　绘制参数函数

(1)绘制参数函数 $x = x(t)$ 和 $y = y(t)$ 在 $t_{\min} \leqslant t \leqslant t_{\max}$ 上的平面曲线。调用格式

$$\text{ezplot } (x, y, [t_{\min}, t_{\max}])$$

【例 5.7】　绘制参数函数 $x = \sin(at)\cos t$，$y = \sin(at)\sin t$，$a = 3$ 在 $[0, b\pi]$，$b = 1$ 上的图形。

解：输入命令：

```
>> ezplot('sin(3*t)*cos(t)','sin(3*t)*sin(t)',[0,pi])
```

运行后可得图 5-7。如果改变参数 a 和 b，将会得到很多有趣的图形。

(2)绘制参数函数 $x = x(t)$ 和 $y = y(t)$ 在 $0 \leqslant t \leqslant 2\pi$ 上的平面曲线。调用格式

$$\text{ezplot } (x, y)$$

【例 5.8】　绘制参数函数 $x = (1 - \sqrt{t})(3 + \cos t)\cos(4\pi t)$，$y = (1 - t)(3 + \cos t)\sin(4\pi t)$ 在 $[0, 2\pi]$ 上的图形。

解：输入命令：

```
>>ezplot('(1-t^(1/2))*(3+cos(t))*cos(4*pi*t)','(1-t)*(3+cos(t))*sin(4*pi*t)')
```

运行后画出参数函数的图形，见图 5-8。如果改变 t 的取值，将会得到很多有趣的图形。

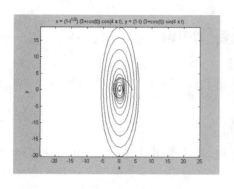

图 5-8 $x = (1-\sqrt{t})(3+\cos t)\cos(4\pi t)$
$y = (1-t)(3+\cos t)\sin(4\pi t)$ 的图形

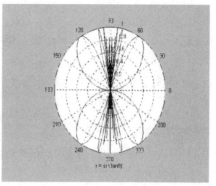

图 5-9　极坐标函数 $\rho = \sin(\tan t)$
在 $[0, 2\pi]$ 上的图形

5.3　函数 ezpolar

ezpolar 的主要功能是用于绘制极坐标函数 $\rho = \varphi(\theta)$ 的平面曲线,它的调用格式有两种,下面分别给予介绍。

调用格式

$$\text{ezpolar}('\,\varphi(\theta)\,')$$

【例 5.9】　绘制极坐标函数 $\rho = \sin(\tan t)$ 在 $[0, 2\pi]$ 上的图形。

解:输入命令:

$\gg$ ezpolar($'$sin(tan(t))$'$)

运行后画出极坐标函数 $\rho = \sin(\tan t)$ 在 $[0, 2\pi]$ 上的图形,见图 5-9。

【例 5.10】　绘制极坐标函数 $\rho = 1 - 2\sin(at)$,当 $a = 5$ 时 在 $[0, 4\pi]$ 上的图形。

解:输入命令:

$\gg$ezpolar($'$1 $-$ 2 $*$ sin(5 $*$ t)$'$,[0,4 $*$ pi])

运行后画出极坐标函数 $\rho = 1 - 2\sin(5t)$ 在 $[0, 4\pi]$ 上的图形,见图 5-10。如果改变参数 a ,将会得到很多有趣的图形,例如,当 $a = 15$ 时,画出图 5-11。

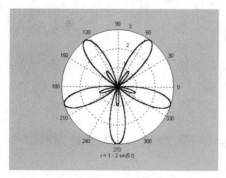

图 5-10　$\rho = 1 - 2\sin(5t)$ 的图形

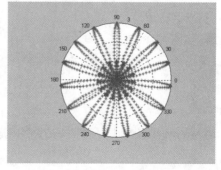

图 5-11　$\rho = 1 - 2\sin(15t)$ 的图形

5.4　函数 polar

polar 的主要功能是用于绘制极坐标函数 $\rho = \varphi(\theta)$ 的平面曲线,它的调用格式如下:

polar(theta, rho, s)

其中 THETA 是极角(弧度值),RHO 是极径,S 是可选项,S 的内容和用法与前面 plot 函数的相同。

【例 5. 11】　绘制极坐标枫叶函数 $\rho = \sin(2^\theta)\cos(2^\theta)$ 在 $[0, 2\pi]$ 上的图形。

解:输入命令:

>>　theta＝0:0.01:2 * pi;　　　　　　　　polar(theta,rho,′r—′);

rho＝sin(2 * theta). * cos(2 * theta);

运行后画出极坐标函数 $\rho = \sin(2^\theta)\cos(2^\theta)$ 在 $[0, 2\pi]$ 上的图形,见图 5-12。如果改变参数 a ,将会得到很多有趣的图形。

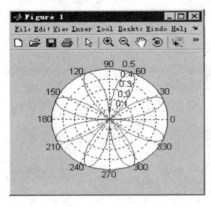

图 5-12　$\rho = \sin(2^\theta)\cos(2^\theta)$ 的图形

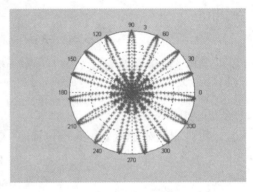

图 5-13　$\rho = \dfrac{100[2 - \sin t - 0.5\cos t]}{100 + (t - 0.5\pi)^8}$ 的图形

【例 5. 12】　绘制极坐标函数 $\rho = \dfrac{100[2 - \sin(at) - 0.5\cos(bt)]}{100 + (t - 0.5\pi)^8}$ 在 $\left[-\dfrac{\pi}{2}, \dfrac{3\pi}{2}\right]$ 上的图形,$a = 7, b = 30$ 。

解:输入命令:

>>　t＝−0.5 * pi:pi/500:3.5 * pi;

r＝100 * (2−sin(7 * t)−1/2 * cos(30 * t)). /(100＋(t−1/2 * pi).^8);

polar(t,r,′gp′)

运行后画出图 5-13。如果改变参数 a, b ,将会得到很多有趣的图形。

5.5　函数 ezcontour

ezcontour 的主要功能是用于绘制 $z = f(x,y)$ 在 $a < x < b, c < y < d$ 的等高线,它的调用格式如下:

ezcontour $(f,[a,b,c,d],N)$

其中 f 是二元函数 $z = f(x,y)$ 。

【例 5.13】　绘制函数 $u = -\dfrac{3z}{1+t^2-z^2}$ 在 $-4 \leqslant t,z \leqslant 4$ 的等高线。

解:输入命令:

$>>$ ezcontour$('-3*z/(1+t^2-z^2)',[-4,4],420)$

运行后画出这个函数在 $-4 \leqslant t,z \leqslant 4$ 上的等高线图形,见图 5-14。

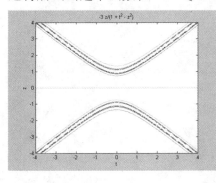 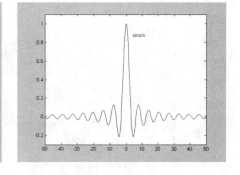

图 5-14　函数 $u = -\dfrac{3z}{1+t^2-z^2}$ 在 $-4 \leqslant t,z \leqslant 4$ 的等高线　　图 5-15　函数 $y = \dfrac{\sin x}{x}$ 的图形

5.6　函数 fplot 和其他画图函数

fplot 是 MATLAB 中常用的画平面曲线的函数,它的调用格式如下:

$$\text{fplot}('fun',[x_{min}\ x_{max}\ y_{min}\ y_{max}])$$

在 $[x_{min}\ x_{max}]$ 内画出用字符串 fun 表示的函数的图形,$[y_{min}\ y_{max}]$ 给出了 y 的限制。还有一些画 2 维图形的函数,如

semilogx(x,y)半对数坐标,x 轴为常用对数坐标;

semilogy(x,y)半对数坐标,y 轴为常用对数坐标;

loglog(x,y)全对数坐标。

其他一些画特殊 2 维图形(如条形图等)的函数请查阅在线帮助系统。

下面的例题是用函数 fplot 作图,可以看出它的方便之处。

【例 5.14】　绘制函数 $y = \dfrac{\sin x}{x}$ 在 $-50 \leqslant x \leqslant 50$, $-0.3 \leqslant y \leqslant 1.1$ 的曲线。

解：输入命令：

$>>$ fplot$('$sin$(x)./x', [-50\ 50\ -0.3\ 1.1])$,

gtext$('$sinx$/x')$

运行后屏幕显示如图 5-15 所示。

【例 5.15】 绘制足球图形。

解：在工作空间中输入以下程序：

```
>> [B,V] = bucky;
H = sparse(60,60);
k = 31:60;
H(k,k) = B(k,k);
gplot(B-H,V,'b-');
hold on
gplot(H,V,'r-');
```

```
for j = 31:60
text(V(j,1),V(j,2),int2str(j),'FontSize',
10,'HorizontalAlignment','center');
end
hold off
axis off equal
```

运行后屏幕显示如图 5-16 所示。

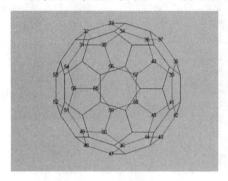

图 5-16　绘制足球图形

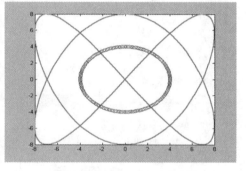

图 5-17　参数函数 $x=8\sin(2t)$, $y=8\cos(3t)$
和 $x=4\sin(t)$, $y=4\cos(t)$ 的图形

5.7　对曲线的进一步处理

在前面所介绍的绘制图形的方法是最基本的方法。为了使图形更加丰富，功能更加完善，满足用户的需要，还需要对图形作进一步的处理。比如确定曲线的线型、颜色、给图形加标注、对坐标轴和边框作某些变动等。

5.7.1　线型和颜色

MATLAB 对曲线的线型和颜色有许多选择，标注的方法是在每一对数组后加一个字符串参数，关于平面曲线的颜色和线型可选项的内容请参见表 5-1。

表 5-1 平面曲线的颜色和线型

线 型	线方式	一 实线	： 点线	—. 点画线	—— 虚线	空出 小黑点
	点方式	．圆点	＋ 加号	* 星号	X 斜叉线	O 小圆
		∧ 上尖线	∨ 字母 V	＜ 左尖线	＞ 右尖线	
		d 菱形	p 五角形	h 六角形	S 正方形	
颜 色		r 红	g 绿	b 蓝	w 白	k 黑
		c 青	y 黄	m 洋红		

【例 5.16】 作参数函数 $x=8\sin(2t)$，$y=8\cos(3t)$ 和 $x=4\sin(t)$，$y=4\cos(t)$ 在区间 $[-2.6\pi, 2.6\pi]$ 上的图形。

解：输入程序：

```
>> t=−2.6 * pi:pi/90:2.6 * pi;        x2=4 * sin(t);y2=4 * cos(t);
x1=8 * sin(2 * t);y1=8 * cos(3 * t);   plot(x1,y1,'g−',x2,y2,'mo')
```

运行后屏幕显示如图 5-17 所示。请读者将 plot 的内容写成 plot(x1,y1,'rp',x2,y2,'bd')运行后观察结果有何变化。

5.7.2 网格和标记

在一个图形上可以加网格、标题、x 轴标记、y 轴标记，有两种常用的方法：方法一是用手工完成这些工作，方法二是用 MATLAB 函数完成。

5.7.2.1 用手工在图形上加数轴、标题、标记

【例 5.17】 作函数 $y_1=x\sin(x/2)$ 和 $y_2=4.5-x^2/5$ 的图形，并给标题、x 轴、y 轴和交点加标记。

解：输入程序：

```
>> x=−3 * pi:pi/30:3 * pi;        y2=4.5−x.^2/5;
y1=x. * sin(x. /2);               plot(x,y1,'b',x,y2,'r−. ')
```

运行后屏幕显示图 5-18。然后，用图形窗口的工具条或菜单可以完成其余的工作。

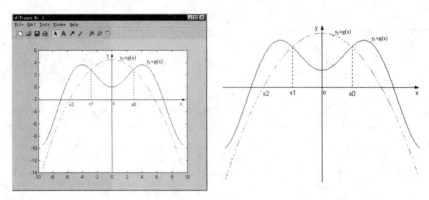

图 5-18　函数 $y_1 = x\sin(x/2)$ 和 $y_2 = 4.5 - x^2/5$ 的图形

5.7.2.2　用 MATLAB 函数在图形上加数轴、标题、标记

在例 5-17 中,对图形添加了标记,使得曲线代表什么函数和图形代表什么意思一目了然。软件 MATLAB 对在曲线的图形上加数轴、标题、标记有许多选择函数,标注的方法是在每一对数组后加一个字符串,有关详细的内容请参见表 5-2。用下列函数完成这些工作。

表 5-2　在图形上加数轴、标题、标记的 MATLAB 函数

加标注的 MATLAB 函数	功　　能
grid on	在图形窗口中自动画出网格虚线(包括极坐标网格线)
grid off	在当前图形窗口中自动去掉网格虚线
text(a,b,'字符串')	在图形窗口的点(a,b)处加上一个字符串作为图形的说明
gtext('字符串')	用鼠标在图形的任何位置加字符串作为图形的说明,即在窗口十字线的交点是字符串的位置,用鼠标点一下就将字符串放在那里
xlabel('字符串')	在 x 轴下方中部位置添加字符串作为标注
ylabel('字符串')	在 y 轴左边中部位置添加字符串作为标注
title('字符串')	在图形窗口顶端的位置加上一个字符串作为标题
legend('字符串')	将字符串写在图形窗口某个位置的标签里,作为图形的说明

【例 5.18】　作函数 $y = \sin x$ 和 $z = \cos x$ 的图形,并给标题、x 轴、y 轴和交点加标记。

解:输入程序:

```
>> x=linspace(0,4 * pi,50);
y=sin(x);z=cos(x);
plot(x,y, 'g—',x,z, 'r—.')
grid
xlabel('自变量 X')
ylabel('因变量 Y 和 Z')
title('正弦函数 sinx 和余弦函数 cosx 的
曲线')
legend('正弦函数 sinx', '余弦函数 cosx')
gtext('y=sinx'), gtext('z=cosx')
```

运行后屏幕显示如图 5-19 所示。

可以在图形的任何位置加上一个字符
串，如用

text$(2.7,1.7,'\sin x')$

表示在坐标 $x=2.5, y=0.7$ 处加上字符串
$\sin x$。

更方便的是用鼠标来确定字符串的位
置，方法是输入函数：

gtext$('\sin x')$, gtext$('\cos x')$

在图形十字线的交点是字符串的位置，
用鼠标点一下就可以将字符串放在那里，如图 5-19 所示。

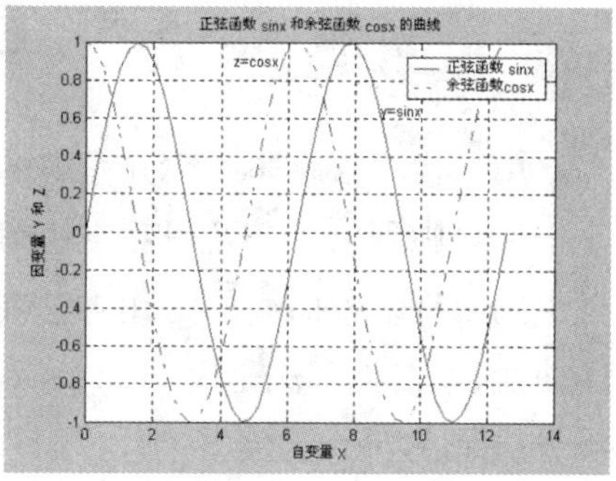

图 5-19　函数 $y=\sin x$ 和 $z=\cos x$ 的图形

5.7.3　坐标轴与边框的控制

在缺省情况下 MATLAB 自动选择图形的横、纵坐标的比例，如果你对这个比
例不满意，可以用 MATLAB 函数控制坐标轴和边框，常用的函数如表 5-3 所示。

表 5-3　控制坐标轴和边框的 MATLAB 函数

控制坐标轴和边框的 MATLAB 函数	功　能
axis([xmin xmax ymin ymax])	[]中分别给出 x 轴和 y 轴的最小、最大值
axis equal 或 axis('equal')	x 轴和 y 轴的单位长度相同
axis square 或 axis('square')	图框呈方形
axis off 或 axis('off')	清除坐标刻度（含直角坐标和极坐标）
axis on　或 axis('on')	显示坐标刻度（含直角坐标和极坐标）
axismanual 或 axis('manual')	固定坐标轴刻度。如果当前图形窗口 hold 打开状态，则后面的图形将采取同样的刻度。
box on	给图形加上边框
box off	去掉图形边框

还有 axis auto ,axis image,axis xy,axis ij,axis normal,axis(axis)，用法可参
考在线帮助系统。

请读者运行下面的程序，并观察结果。

```
x=0:pi/20:2*pi;             axis equal
plot(sin(x),cos(x))         axis([-1 1 0 1])
```

5.8　画多重线的方法

用迭代法求解非线性方程组的解时,需要寻找解的初始值,这就需要在同一个坐标系中画出每个方程对应的图形,找这些图形的交点(线)。在同一个坐标平面中画出许多条曲线的常用方法有三类。第一类方法是利用循环语句 for 作多条曲线;第二类方法是用 hold on 和 hold off 函数在原有的图形上增加曲线;第三类方法是在 plot 函数中,填写几条曲线。我们可以用这些方法在同一个直角坐标系或极坐标系中,画出多条隐函数、显函数、参数函数的图形或极坐标的函数图形,等等。下面分别进行介绍。

5.8.1　利用循环语句作多条曲线

循环语句 for 的一般形式为

　　for　<循环参数>=<初值>:<步长>:<终值>

　　<语句>

　　end

步长为 1 时可以省略。对于每一个参数,语句都重复执行。当作多重循环时,循环语句 for 可以嵌套使用。用此方法作概率与数理统计中的散点图和拟合曲线的效果特别好。下面的例题展示了如何用循环语句 for 作多条曲线和点。

【例 5.19】　如果要画出图 5-20 中"女人的项链"的图形,只需在 MATLAB 工作窗口中输入下面的循环语句 for 的程序:

```
>> t = 0:.02:2 * pi;
y = zeros(10,length(t));
x = zeros(size(t));
for k=1:2:19
    x = x + cos(2. * k * t)/k;
    y((k+1)/2,:) = x;
end
plot(y(1:2:9,:)')
title('女人的项链')
```

运行后可绘制出图 5-20。

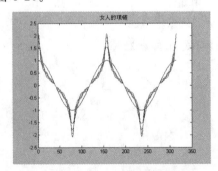

图 5-20　"女人的项链"的图形

5.8.2　利用 **hold on** 和 **hold off** 画多重曲线

在同一个坐标系中画多条曲线的另一种方法是利用 hold on 和 hold off 函数在已经画好的图形上再增加曲线。如果设置 hold on，则 MATLAB 软件将把新的 plot 或者 ezplot 函数产生的图形画在原来的图形上。而函数 hold off 结束这个过程。下面通过例题分别说明这些方法的具体应用。

5.8.2.1　利用 **hold on,ezplot** 和 **hold off** 函数在原有的图形上增加曲线

这种方法适用于在同一个坐标系中画多条隐函数 $F_1(x,y)=0$，$F_2(x,y)=0,\cdots,F_n(x,y)=0$ 的曲线。具体用法如下面的例题。

【例 5.20】　在同一个坐标系中画出双曲线 $x^2-y^2=-1$ 和椭圆 $8x^2+4y^2=16$ 的图形。

解：输入程序：

```
>>syms x y                          hold on
F1=x^2-y^2+1;F2=8*x^2+4*y^2-16;     ezplot(F2,[-3,3])
ezplot(F1,[-3,3]),                  hold off
```

运行后屏幕显示如图 5-21 所示。

5.8.2.2　利用 **hold on,plot** 和 **hold off** 函数在原有的图形上增加曲线

这种方法适用于在同一个坐标系中画多条显函数 $F_1(x,y)=0$，$F_2(x,y)=0,\cdots,F_n(x,y)=0$ 的曲线。具体用法如下面的例题。

【例 5.21】　给出一组数据点 (x_i,y_i) 列入表 5-4 中，试在同一个坐标系中画出数据点和拟合曲线 $f(x)=5.0911x^3-14.1905x^2+6.4102x-8.2574$ 及其 $g(x)=x^4-14x^2-165$ 的图形。

表 5-4　例 5.21 的一组数据点

x_i	−2.5	−1.7	−1.1	−0.8	0	0.1	1.5	2.7	3.6
y_i	−192.9	−85.50	−36.15	−26.52	−9.10	−8.43	−13.12	6.50	68.04

解：输入程序：

```
>> xi=[-2.5 -1.7 -1.1 -0.8 0       plot(x,F,'b-')
  0.1 1.5 2.7 3.6];                hold off
y=[-192.9 -85.50 -36.15 -26.52 -9. hold on
10 -8.43 -13.12 6.50 68.04];       plot(x,G,'g*')
x=-3.5:0.1:4.6;                    hold off
F=5.0911.*x.^3-14.1905.*x.^2+6.    legend('数据点(xi,yi)','拟合曲线 y=f(x)',
4102.*x-8.2574;                    '函数 y=g(x)')
G=2*x.^4-14.*x.^2-165;                 xlabel('x'),ylabel('y'),
plot(xi,y,'ro'),                   title('数据点(xi,yi),拟合曲线 y=f(x)和函
hold on                            数 y=g(x)的图形')
```

运行后屏幕显示数据点 (x_i, y_i)，拟合曲线 $y = f(x)$ 和函数 $y = g(x)$ 的图形，如图 5-22 所示。

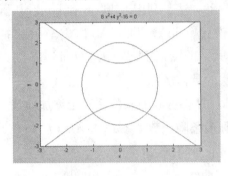

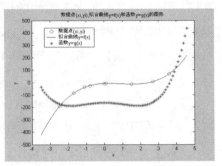

图 5-21　双曲线 $x^2 - y^2 = -1$ 和椭圆　　　图 5-22　例 5.21 的数据散点图和
　　　　　$8x^2 + 4y^2 = 16$ 的图形　　　　　　　　　　　拟合曲线的图形

最后，如果你在一段程序中画了几个图形，需要逐个观察，那么应该在每两个 plot 函数之间加一个 pause 函数，它暂停函数的执行，直到你击下任何一个键。

5.8.2.3　利用 hold on, polar 和 hold off 函数在原有的图形上增加曲线

这种方法适用于在同一个极坐标系中画多条极坐标函数 $\rho_1 = \rho_1(\theta)$，$\rho_2 = \rho_2(\theta)$，$\cdots$，$\rho_n = \rho_n(\theta)$ 的曲线。具体用法如下面的例题。

【例 5.22】　在同一个极坐标系中，绘制极坐标函数 $\rho = \dfrac{100[2 - \sin(at) - 0.5\cos(bt)]}{100 + (t - 0.5\pi)^8}$ 和 $\rho = \dfrac{\sin(ct - d)}{t}$ 在 $[-6.5\pi, 6.5\pi]$ 上的图形，$a = 7, b = 30, c = 4, d = 1.5$。

解：输入命令：

```
>>t=-6.5*pi:pi/500:6.5*pi;           r1=sin(4*t-1.5)./t;
r=100*(2-sin(7*t)-                   polar(t,r1,'r-')
1/2*cos(30*t))./(100+(t-1/2*pi).^8); hold off
polar(t,r,'gp')                      title('绿枫叶的粉领结')
hold on
```

运行后画出图 5-23。如果改变参数 a, b, c, d，将会得到很多有趣的图形。

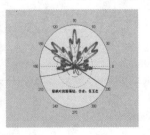

图 5-23　$\rho = \dfrac{100[2 - \sin(at) - 0.5\cos(bt)]}{100 + (t - 0.5\pi)^8}$ 和 $\rho = \dfrac{\sin(ct - d)}{t}$ 的图形

以此类推，hold on 和 hold off 函数还可以与其他画图函数配合，在原有的图形上增加曲线。

5.8.3 利用数组画多重曲线

在绘制平面曲线的 MATLAB 函数 plot，ezplot，polar，ezpolar，ezcontour 等中，输入几个数组可以作多条曲线，如下面的例题所示。

【例 5.23】 在同一个坐标系中，绘制函数 $y_1 = \dfrac{1}{1+x^2}$，$y_2 = 3(1-x)^2 \mathrm{e}^{-x^2}$，$y_3 = -10(\dfrac{x}{5} - x^2) \mathrm{e}^{-x^2}$，$y_4 = -\dfrac{1}{3} \mathrm{e}^{-(x+1)^2}$ 在 $-1.5\pi \leqslant x \leqslant 1.5\pi$ 的曲线。

解：输入命令：

```
>>x=-1.5*pi:0.01:1.5*pi;          y4=-1/3*exp(-(x+1).^2);
y1=1./(1+x.^2);                   plot(x,y1,'r-.',x,y2,'b--',x,y3, 'g:',
y2=3*(1-x).^2.*exp(-(x.^2));      x,y4,'m-')
y3=-10*(x/5-x.^2).*exp(-x.^2);
```

运行后屏幕显示如图 5-24 所示。

【例 5.24】 在同一个坐标平面中，绘制三个函数 $z_1 = 3(1-x)^2 \mathrm{e}^{-x^2-(y+1)^2}$，$z_2 = -10(\dfrac{x}{5} - x^3 - y^5) \mathrm{e}^{-x^2-y^2}$，$z_3 = -\dfrac{1}{3} \mathrm{e}^{-(x+1)^2-y^2}$ 在 $-\pi \leqslant x,y,z \leqslant \pi$ 的等高线。

解：输入命令：

```
>> f = ['3*(1-x)^2*exp(-(x^2)-(y+1)^2)'.'-10*(x/5-x^3-y^5)*exp(-x^2-
y^2)' '-1/3*exp(-(x+1)^2-y^2)'];
    ezcontour(f,[-pi,pi])
```

运行后画出这三个函数在 $-\pi \leqslant x,y,z \leqslant \pi$ 上的等高线图形，见图 5-25。

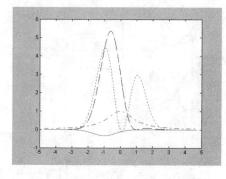
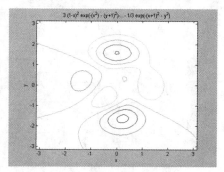

图 5-24　例 5.23 曲线　　　　图 5-25　三个函数在 $-\pi \leqslant x,y,z \leqslant \pi$
上的等高线图形

5.9　图形窗口的分割

有时需要在同一个图形窗口中绘制多个图形，以便于对比和观察。这时可以用 MATLAB 函数 subplot 将原窗口分割，划为多个子窗口来实现。它的调用格式如下：

$$subplot(m,n,p)$$

其功能是把一个图形窗口分成 $m \times n$ 个图形区域，并按行从左到右，按列从上到下的顺序进行编号，p 代表当前的区域号，在每个区域中分别画一个图，如下面例题所示。

【例 5.25】　在一个图形窗口中以子图形方式同时绘制正弦、余弦、正切、余切曲线。

解：输入程序：

```
>> x=linspace(0,2 * pi,60);
y=sin(x);z=cos(x);
t=sin(x)./(cos(x)+eps);
ct=cos(x)./(sin(x)+eps);
subplot(2,2,1);
plot(x,y);title('sin(x)');axis ([0,2 * pi,-1,1]);
subplot(2,2,2);
plot(x,z);title('cos(x)');axis ([0,2 * pi,-1,1]);
subplot(2,2,3);
plot(x,t);title('tangent(x)');
axis ([0,2 * pi,-40,40]);
subplot(2,2,4);
plot(x,ct);title('cotangent(x)');axis ([0,2 * pi,-40,40]);
```

运行后得到 2×2 共 4 幅图形，见图 5-26。请读者比较差异。

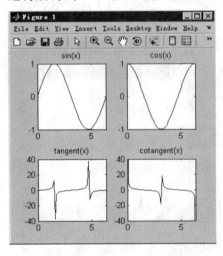

图 5-26

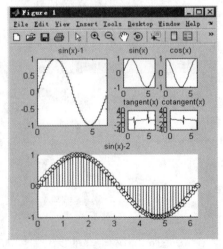

图 5-27

【例 5. 26】　将一个图形窗口分成三个图形区域并比较差异。

解：输入程序：

```
>> x=linspace(0,2*pi,60);
y=sin(x);z=cos(x);
    t=sin(x)./(cos(x)+eps);
ct=cos(x)./(sin(x)+eps);
subplot(221);%选择2×2个区中的1号区
stairs(x,y);title('sin(x)−1');axis([0,2*pi,−1,1]);
subplot(212);%选择2×1个区中的2号区
stem(x,y);title('sin(x)−2');axis([0,2*pi,−1,1]);
subplot(443);%选择4×4个区中的3号区

subplot(447);%选择4×4个区中的7号区
plot(x,t);title('tangent(x)');
axis([0,2*pi,−40,40]);
plot(x,y);title('sin(x)');axis([0,2*pi,−1,1]);
subplot(444);%选择4×4个区中的4号区
plot(x,z);title('cos(x)');axis([0,2*pi,−1,1]);
subplot(448);%选择4×4个区中的8号区
plot(x,ct);title('cotangent(x)');
axis([0,2*pi,−40,40]);
```

运行后得到共 3 幅图形，见图 5-27。请读者比较差异。

【例 5. 27】　绘制某单位反馈控制系统的阶跃响应曲线，根轨迹和伯德图。

程序如下：

```
>> num=1;
>> den=[1 3 2 0];
>> sys=tf(num,den);
>> sys1=feedback(sys,1);
>> subplot(221);step(sys1);

>> subplot(223);rlocus(sys);
>> w=logspace(−1,2);
>> subplot(122);bode(sys,w);
>> grid on
```

运行后共得到 3 幅图形，见图 5-28。

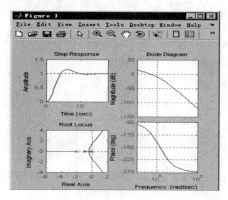

图 5-28　系统的阶跃响应曲线，根轨迹和伯德图

5.10　空间图形的制作

三重积分和曲面积分的积分区域是空间图形。MATLAB 软件为我们提供了众多功能强大的绘制空间图形的函数，它们分别是 plot3，mesh，meshc， meshz，meshgrid，sphere，cylinder，hesurfc 等，下面分别进行介绍。

5.10.1 函数 **plot3**

plot3 是 MATLAB 中最常用的画空间曲线的函数，它的主要功能是用于绘制显式函数 $z = f(x, y)$ 和参数式函数 $x = x(t)$，$y = y(t)$，$z = z(t)$ 的空间曲线，也可以用空间中的一组平行平面上的截线的方式表示曲面。plot3 函数的调用格式如下：

$$\text{plot3}(x, y, z, '\text{可选项 } s')$$

其中 x, y, z 分别是曲线上的横坐标、纵坐标和竖坐标，曲线上的 '可选项 s' 中通常包含确定曲线颜色、线型、两坐标轴上的比例等参数。用户在作图时可以根据需要选择可选项。如果用户在绘图时不用可选项，那么 plot3 函数将自动选择一组默认值，画出空间曲线。下面我们将通过例题逐一介绍。

【例 5.28】 作出参数函数 $y = \sin x$, $z = \cos x$ 在区间 $[0, 12\pi]$ 上的图形。

解：输入下列程序：

$\gg$ x＝linspace(0,12 * pi,5000);%在[0,12π]上取 5000 个点

y＝sin(x);z＝cos(x);

plot3(x,y,z)

运行后屏幕显示函数 $y = \sin x$，$z = \cos x$ 在区间 $[0, 12\pi]$ 上 5000 个点连成的光滑的图形（见图 5-29）。

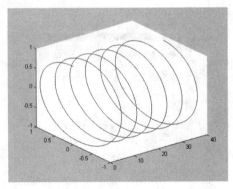

图 5-29　$y = \sin x$, $z = \cos x$ 在区间 $[0, 12\pi]$ 上的图形

【例 5.29】 作出函数 $z = ax e^{-b(x^2 + y^2)}$ 在矩形区域 $-c_1 \leqslant x \leqslant c_2$，$-d_1 \leqslant y \leqslant d_2$ 上的图形。其中 $a = b = 0.1$，$c_1 = c_2 = 5$，$d_1 = d_2 = 6$。

解：输入下列程序：

$\gg$[x,y]＝meshgrid(－5:0.1:5,－6:0.1:6);　plot3(x,y,z)

z＝0.1 * x. * exp(－0.1 * (x.^2+y.^2));

运行后屏幕显示所求作的图形(见图 5-30)。

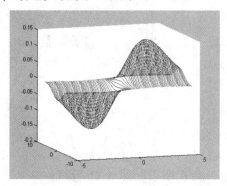

图 5-30　函数 $z = ax\,\mathrm{e}^{-b(x^2+y^2)}$ 的图形

读者可以改变此例中 a,b ，c_1,c_2 ，d_1,d_2 的值，将会画出许多有趣的图形。

5.10.2　绘制曲面的网图函数

将 MATLAB 中绘制曲面的常用网图函数列入表 5-5：

表 5-5　MATLAB 中绘制曲面的常用网图函数

序号	MATLAB 函数名	功能
1	meshc(x,y,z)	用空间中的两组相交的平行平面上的网状线的方式表示曲面
2	meshc(x,y,z)	用 1 的方式表示曲面,并附带有等高线
3	meshz(x,y,z)	屏蔽的网格图
4	surf(x,y,z)	用空间中网状线并网格中填充色彩的方式表示曲面
5	surfc(x,y,z)	用 4 的方式表示曲面,并附带有等高线
6	surfl(x,y,z)	用 4 的方式表示曲面,并附带有阴影
7	hidden on	消除掉被遮住部分的网状线
8	hidden off	将被遮住部分的网状线显示出来

用表 5-5 中的 MATLAB 函数绘制曲面时,首先根据网格坐标命令 meshgrid 把节点坐标的常数向量 x 和 y 或 z 转化为矩阵 X 和 Y 或 Z,这些所有的绘制曲面方法都要求利用名为 meshgrid 的程序产生矩阵,然后选用 MATLAB 函数绘制曲面即可。X 和 Y 或 Z 可以是不等距分布。所以,首先介绍 meshgrid 的 M—函数文件的功能、详细的调用方法。

常用的 meshgrid 命令的调用格式有三种,分别如下：

(1)调用格式一：$[X,Y] =$ meshgrid (x,y)。

$[X,Y] =$ meshgrid(x,y)将向量 x 和 y 转换成矩阵 X 和 Y ,其中矩阵 X 的每行是向量 x,矩阵 Y 的每列是向量 y,此命令可以被用于计算二元函数或作三维曲面的图形。

(2)调用格式二：$[X,Y] =$ meshgrid(x)。

是$[X,Y] =$ meshgrid(x,x)的一种缩写式。

(3)调用格式三：$[X,Y,Z] =$ meshgrid(x,y,z)。

此命令将向量 x、y 和 z 转换成矩阵 X、Y 和 Z,经常被用于计算三元函数插值或作三维立体的图形。

【**例 5.30**】 已知 $x=-3:0.2:3;y=x$,计算函数 $z=7-3x^4\,e^{-x^2-y^2}$ 的值,并作出函数的图形。

解:输入程序:

```
>> [X,Y] = meshgrid(-3:.2:3, -3:.2:3);
Z = 7-3 * X.^4 .* exp(-X.^2 - Y.^2),
mesh(Z)
```

运行后输出函数值(略)和图形如图 5-31 所示。

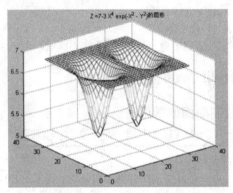

图 5-31　函数 $z=7-3x^4\,e^{-x^2-y^2}$ 的图形

【**例 5.31**】 作出函数 $z=2+xe^{-x^2-y^2}$ 在区域 $-2\leqslant x\leqslant 2$,$-2\leqslant y\leqslant 2$ 上的图形。

解:输入程序:

```
>> [X,Y] = meshgrid(-2:.2:2, -2:.2:2);
Z = 2+X.* exp(-X.^2 - Y.^2);
meshc (Z)
```

运行后输出函数值(略)和图形如图 5-32 所示。

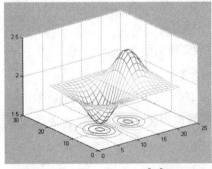

图 5-32　函数 $z=2+xe^{-x^2-y^2}$ 在区域
$-2\leqslant x\leqslant 2$,$-2\leqslant y\leqslant 2$ 上的图形

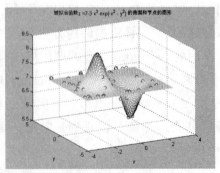

图 5-33　被拟合函数 $z=7-3x^3\,e^{-x^2-y^2}$
的曲面和节点的图形

【例 5.32】　设节点 (x,y,z) 中的 $x=-3:0.5:3$，$y=x$ 和函数 $z=7-3x^3$ e$^{-x^2-y^2}$ 值，作 z 在插值点 $x=-3.9:0.5:5$，$y=-4.9:0.5:4.5$ 处的拟合曲面 z 和节点的图形。

解：输入程序：

```
>> x=rand(50,1);
y=rand(50,1);          %生成 50 个 1 元均匀分布随机数 x 和 y。
X=-3+(3-(-3))*x;       %利用 x 生成随机变量。
Y=-2.5+(3.5-(-3.5))*y;
Z=7-3*X.^3.*exp(-X.^2 - Y.^2);%在每个随机点(X,Y)处计算 Z 的值。
X1=-3.2:0.1:3.2;
Y1=-2.9:0.1:3.9;
[XI,YI] = meshgrid(X1,Y1);   %将坐标(XI,YI)网格化。
ZI=7-3*XI.^3.*exp(-XI.^2 - YI.^2);
mesh(XI,YI,ZI)               %作二元拟合图形。
xlabel('x'),ylabel('y'),zlabel('z'),
title('被拟合函数 z =7-3 x^3 exp(-x^2 - y^2) 的曲面和节点的图形')
hold on                      %在当前图形上添加新图形。
plot3(X,Y,Z,'bo')            %用蓝色小圆圈画出每个节点(X,Y,Z)。
hold off                     %结束在当前图形上添加新图形。
```

运行后屏幕显示被拟合函数 $z=7-3x^3$ e$^{-x^2-y^2}$ 的曲面和节点的图形(见图 5-33)。

5.10.3　绘制旋转曲面和球面的函数

5.10.3.1　绘制球面的函数

sphere 是绘制球面的 MATLAB 函数，其调用格式有三种：

(1)调用格式一：$[X,Y,Z]=$sphere(N)

此函数生成三个 $(N+1)\times(N+1)$ 阶矩阵，利用 SURF(X,Y,Z) 可以产生一个单位球面。

(2)调用格式二：$[X,Y,Z]=$sphere

此形式使用默认值 $N=20$。

(3)调用格式三：sphere(N)

只绘制球面图，不返回任何值。

【例 5.33】　绘制如图 5-34 所示的地球表面的气温分布示意图。

解：输入下列程序：

```
>>[a,b,c] = sphere (30);        axis('equal'),axis('square'),%将坐标轴的
t=abs(c);                       刻度控制为相同
surf(a,b,c,t); shading interp;  colormap('hot')
```

运行后输出球面如图 5-34 所示。

5.10.3.2　绘制旋转曲面的函数

cylinder 是绘制球面的 MATLAB 函数,其调用格式有两种:

(1)调用格式一:$[X,Y,Z]=$cylinder(R,N)

此函数以母线向量 **R** 生成单位柱面,母线向量 **R** 是在单位高度里等分刻度上定义的半径向量。**R** 为旋转圆周上的分格线条数。利用 surf(X,Y,Z)可以产生一个此柱面。

(2)调用格式二:$[X,Y,Z]=$cylinder(R),

或 $[X,Y,Z]=$cylinder

此形式使用默认值 N = 20 和 R = $[1\ 1]$。

【例 5.34】　绘制由连续函数 $y=6+\sin x$, $x=0,x=6\pi$ 和 $y=0$ 所围成的平面图形,绕 x 轴旋转一周所得到的旋转曲面的图形。

解:输入下列程序:

```
>> x=0:pi/20:6*pi;            [a,b,c]=cylinder(R,20);
   R=6+sin(x);                surf(a,b,c);  shading interp;
```

运行后输出旋转曲面的图形如图 5-35 所示。

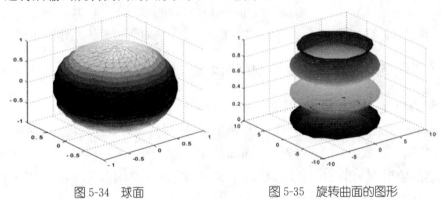

图 5-34　球面　　　　　　图 5-35　旋转曲面的图形

5.11　高级图形处理

可以用上面介绍的方法,作平面区域和空间区域的图形。下面通过具体例题介绍方法。

【例 5.35】　画出由曲线 $2xy=1,y=\sqrt{2x},x=2.5$ 所围成的平面区域 Dxy 的图形。

解:输入下列程序:

```
>>x=0.001:0.001:3;                  axis([-0.5 3 -0.5 3])
y1=1./(2*x);y2=sqrt(2*x);            title('由 y1=1/(2x),y2=sqrt(2x) 和 x=2.5
plot(x,y1,'b-',x,y2,'m-',2.5,y1,'g-'),     所围成的积分区域 Dxy')
```

运行后屏幕显示见图 5-36。

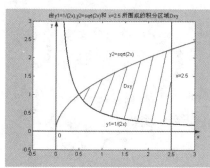
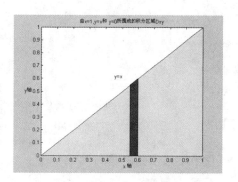

图 5-36　由 $2xy=1, y=\sqrt{2x}, x=2.5$
所围成的积分区域 Dxy

图 5-37　曲线 $x=1, y=x, y=0$
所围成的平面区域 Dxy 的图

【例 5.36】　画出由曲线 $x=1, y=x, y=0$ 所围成的平面区域 Dxy 和其内部单元的填充图。

解：输入下列程序：

```
>> clear,format compact                  %画出单元条的图形
fill([0,1,1,0],[0,0,1,0],'y')%画出区域的图形   hold off
hold on                                  title('由 x=1,y=x 和 y=0 所围成的积分区域 Dxy')
fill([0.55,0.6,0.6,0.55,0.55],[0,0,0.6,0.55,0],'r')
```

运行后屏幕显示图 5-37。

【例 5.37】　画出由旋转抛物面 $z=8-x^2-y^2$，圆柱面 $x^2+y^2=4$ 和 $z=0$ 所围成的空间闭区域及其在 xoy 面上的投影。

解：(1)画出积分区域 V 的草图。输入程序：

```
>> [x,y]=meshgrid(-2:0.01:2);           mesh(x,y,z)
z1=8-x.^2-y.^2;                          hold off
figure(1)                                title('由旋转抛物面 z=8-x^2-y^2,圆柱面 x^2
meshc(x,y,z1)                            + y^2=4 和 z=0 所围成的积分区域 V')
hold on                                  figure(2)
x=-2:0.01:2;                             contour(x,y,z,10)
r=2;                                     title('由 z=8-x2-y2,圆柱面 x2+y2=4 和 z=0
[x,y,z]=cylinder(r,30)                    所围成区域 V 在 xoy 面上的投影区 Dxy')
```

运行后屏幕显示如图 5-38 所示。

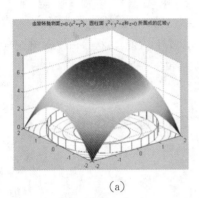

(a)

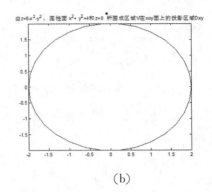

(b)

图 5-38　由 $z = 8 - x^2 - y^2$，$x^2 + y^2 = 4$ 和 $z = 0$
围成的闭区域 V 及其在 xoy 面上的投影区域 Dxy

【例 5.38】　画出马鞍面 $z = x^2 - 2y^2$ 和平面 $z = 2x - 3y$ 的交线。

　　解：输入程序：

```
>>[x,y]=meshgrid(-52:2:52);        mesh(x,y,z2)
z1=x.^2-2*y.^2;                    hold off
z2=2*x-3*y;                        title('由马鞍面 z=x^2-2y^2 和平面 z=2x-
mesh(x,y,z1)                       3y 的交线')
hold on
```

　　运行后屏幕显示如图 5-39 所示。

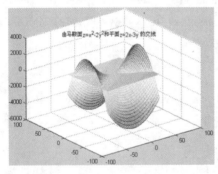

图 5-39　马鞍面 $z = x^2 - 2y^2$ 和平面
$z = 2x - 3y$ 的交线

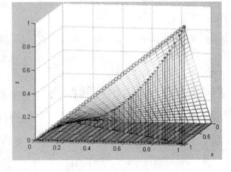

图 5-40　由 $x = 1, y = x, z = xy$ 及
$z = 0$ 所围成的闭区域

【例 5.39】　画出由 $x = 1, y = x, z = xy$ 及 $z = 0$ 所围成的闭区域。

　　解：输入以下程序：

```
>>[x,y]=meshgrid(0:0.04:1); %确定计算    hold on
和绘制的定义域网格                        mesh(x,y,z2); %画出坐标面 z=0
z1=x.*y;z2=zeros(size(z1)); %马鞍面 z=    x1=[0:0.02:1];y1=x1; %sx1=length(x1);
xy 和坐标面 z=0 的方程                     平面 y=x 的方程
mesh(x,y,z1); %画出马鞍面 z=xy           zd=[zeros(1,length(x1));x1.*y1];
```

%平面 y=x 的上,与 z 轴平行的线族的端点 zd = xy

line([x1;x1],[y1;y1],zd); %画出此平行线族

plot3([x1;x1],[y1;y1],zd,′ * ′); % 端点画 ' * '

plot3(ones(2,length(x1)),[y1;y1],[zeros(1,length(x1));y1],′ro′); %画出平面 x=1 上的交线

xlabel(′x′),ylabel(′y′),zlabel(′z′),

hold off

pause,rotate3d

运行后屏幕显示图 5-40。

【例 5.40】　表 5-6 中列出了 4 个观测点的 6 次测量数据,将数据绘制成为分组形式和堆叠形式的条形图。

表 5-6　观测点的 6 次测量数据

	第 1 次	第 2 次	第 3 次	第 4 次	第 5 次	第 6 次
观测点 1	3	6	7	4	2	8
观测点 2	6	7	3	2	4	7
观测点 3	9	7	2	5	8	4
观测点 4	6	4	3	2	7	4

解:输入程序:

```
>> y=[3 6 9 6;6 7 7 4;7 3 2 3;4 2 5 2;2 4 8 7;8 7 4 4];
>> bar(y)
```

运行后屏幕显示如图 5-41 所示。

```
>> bar(y,'stack')
```

运行后屏幕显示如图 5-42 所示。

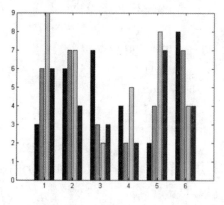

图 5-41　分组形式条形图

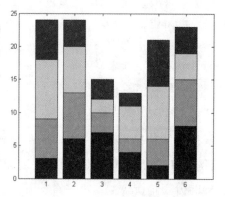

图 5-42　堆叠形式条形图

【例 5.41】　$x=$ [66　49　71　56　38],绘制饼图,并将第五个切块分离出来。

解:输入程序:

>> x=[66 49 71 56 38];

>> L=[0 0 0 0 1];

>> pie(x,L)

运行后屏幕显示图 5-43。

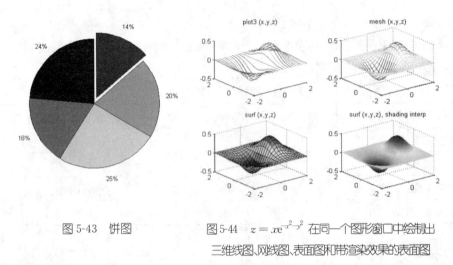

图 5-43　饼图　　　　图 5-44　$z = x\mathrm{e}^{-x^2-y^2}$ 在同一个图形窗口中绘制出
三维线图、网线图、表面图和带渲染效果的表面图

【例 5.42】　$z = x\mathrm{e}^{-x^2-y^2}$,当 x 和 y 的取值范围均为−2 到 2 时,用建立子窗口的方法在同一个图形窗口中绘制出三维线图、网线图、表面图和带渲染效果的表面图。

解:输入程序:

>> [x,y]=meshgrid([−2:.2:2]);

>> z=x. * exp(−x.^2−y.^2);

>> mesh(x,y,z)

>> subplot(2,2,1),plot3(x,y,z)

>> title('plot3 (x,y,z)')

>> subplot(2,2,2),mesh(x,y,z)

>> title('mesh (x,y,z)')

>> subplot(2,2,3), surf(x,y,z)

>> title('surf (x,y,z)')

>> subplot (2, 2, 4), surf (x, y, z), shading interp

>> title('surf (x,y,z), shading interp')

运行后屏幕显示如图 5-44 所示。

【例 5.43】　绘制 peaks 函数的表面图,用 colormap 函数改变预置的色图,观察色彩的分布情况。

解:

(1)分析:colormap (map)将当前图窗的颜色图设置为预定义的颜色图之一。图窗的颜色图作用于图窗中的所有坐标区,除非分别为每个坐标区设置颜色图。新颜色图的长度(颜色数)与当前颜色图相同。当使用此语法时,不能为颜色图指定自定义长度。colormap(map) 将当前图窗的颜色图设置为 map 指定的颜色图。颜色图名称与色阶如表 5-7 所示。

colormap(target,map) 为 target 指定的图窗、坐标区或图形设置颜色图,而不是为当前图窗设置颜色图。

cmap = colormap 返回当前图窗的颜色图,形式为 RGB 三元数组成的三列矩阵。

cmap = colormap(target) 返回 target 指定的图窗、坐标区或图的颜色图。

新颜色方案的颜色图,指定为颜色图名称、由 RGB 三元数组成的三列矩阵或′default′。颜色图名称指定一个与当前颜色图具有相同颜色数的预定义颜色图。由 RGB 三元数组成的三列矩阵指定一个自定义颜色图。可以自行创建该矩阵,也可以调用一个预定义的颜色图函数来创建矩阵。例如,colormap(parula(10))将当前图窗的颜色图设置为从 parula 颜色图中选择的 10 种颜色。值′default′将目标对象的颜色图设置为默认颜色图。

表 5-7　颜色图名称与色阶

颜色图名称	色　阶
parula	
jet	
hsv	
hot	
cool	
spring	
summer	
autumn	
winter	
gray	
bone	
copper	
pink	

续表

颜色图名称	色 阶
lines	
colorcube	
prism	
flag	
white	

hsv：色彩饱和值（以红色开始束）；

hot：从黑到红到黄到白；

cool：青蓝和洋红的色度；

pink：粉红的彩色度；

gray：线性灰度；

bone：带一点蓝色的灰度；

jet：hsv 的一种变形（以蓝色开始和结束）；

copper：线性铜色度；

prim：三棱镜。交替为红色、橘黄色、黄色、绿色、和天蓝色；

flag：交替为红色、白色、蓝色和黑色。

表 5-8 列出了常见颜色的 RGB 三元数值。

表 5-8   RGB 三元数值

颜色	RGB 三元数	颜色	RGB 三元数	颜色	RGB 三元数
黄色	[1,1,0]	红色	[1,0,0]	白色	[1,1,1]
品红色	[1,0,1]	绿色	[0,1,0]	黑色	[0,0,0]
青蓝色	[0,1,1]	蓝色	[0,0,1]		

（2）输入程序：

```
>>surf(peaks(30));                    >>colormap(hot)
```

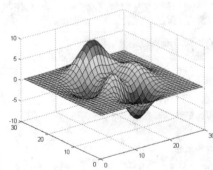
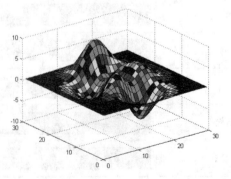

>>colormap(cool)

>>figure

ax1 = subplot(2,1,1);

contourf(peaks(30))

colormap(ax1,hot(8))

ax2 = subplot(2,1,2);

contourf(peaks(30))

colormap(ax2,pink)

>>colormap(lines)

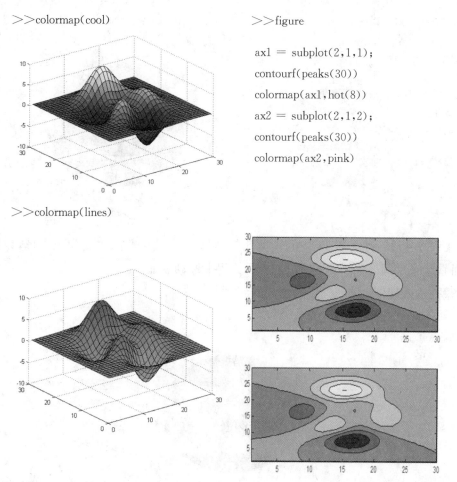

【例 5.44】　用 sphere 函数产生球表面坐标,绘制不透明网线图、透明网线图、表面图和带剪孔的表面图。

解: 输入程序:

>> [x,y,z]=sphere(30);

>> mesh(x,y,z)

>> mesh(x,y,z),hidden off

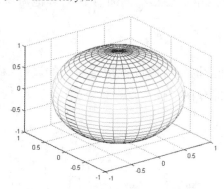

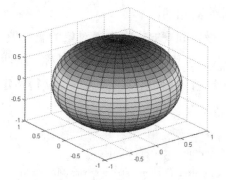

>> surf(x,y,z)　　　　　　　　　>> z(18:30,1:5)＝NaN＊ones(13,5);

　　　　　　　　　　　　　　　　　　>> surf(x,y,z)

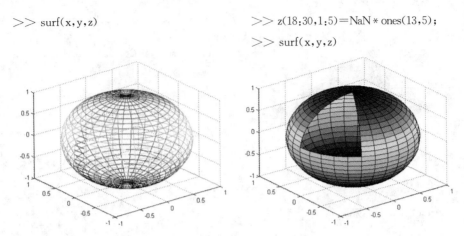

【**例 5.45**】　将例 5.44 中的带剪孔的球形表面图的坐标改变为正方形,以使球面看起来是圆的而不是椭圆的,然后关闭坐标轴的显示。

　　解:输入程序

axis square

axis off

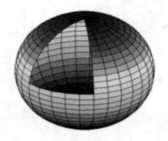

　　注:轴对象是图形窗口对象的子对象,是图像、灯光、线、块、矩形、表面、字的父对象。

　　图形句柄是每个图形对象从产生时就被赋予的一个唯一的标识。利用图形句柄既可以操作一个已经存在的图形对象的属性;利用也可以在建立图形对象时指定属性的值,特别是对指定对象句柄的操作不会影响同时存在的其他对象,这是非常有用的。

　　设置和获取指定句柄对象的属性值。

　　(1)利用 set(句柄,'属性名称',属性值)语句可以设置指定对象的属性;利用 get(句柄,'属性名称')语句可以获得指定对象的属性。

　　(2)>> set(h)

Alphamap

BackingStore：[{on} | off]

CloseRequestFcn: string —or— function handle —or— cell array

Color

Colormap

CurrentAxes

CurrentCharacter

CurrentObject

……

从列出的属性内容可以看到,设置背景颜色的属性名为 Color,因此

$>>$set(h,'color','w')

即可将图形窗口的背景色改为白色。

【例 5.46】　已知三维图形视角的缺省值是方位角为$-37.5°$,仰角为 $30°$,将观察点顺时针旋转 $20°$角的命令。

解:程序如下:$>>$ view($-57.5,30$)

【例 5.47】　从不同视点绘制多峰函数曲面。

解:程序如下:

subplot(2,2,1);mesh(peaks);

view($-37.5,30$);%指定子图 1 的视点

title('azimuth$=-37.5$,elevation$=30$')

subplot(2,2,2);mesh(peaks);

view($0,90$);%指定子图 2 的视点

title('azimuth$=0$,elevation$=90$')

subplot(2,2,3);mesh(peaks);

view($90,0$);%指定子图 3 的视点

title('azimuth$=90$,elevation$=0$')

subplot(2,2,4);mesh(peaks);

view($-7,-10$);%指定子图 4 的视点

title('azimuth$=-7$,elevation$=-10$')

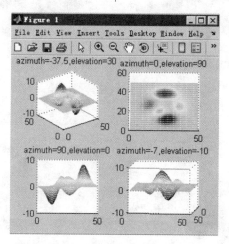

【例 5.48】　画一双峰曲面(peaks)图,加灯光 light,改变光源的位置观察图形的变化。

解:程序如下:

```
>> surf(peaks)
>> shading interp
>> lighting phong
>> light('Position',[-3 -2 1]);
>> light('Position',[-1 0 1]);
```

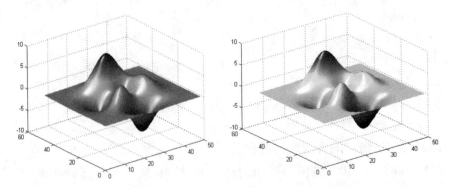

【例 5.49】 在双峰曲面上改变不同的光照模式,观察效果。

解:程序如下:

```
>> surf(peaks)
>> shading interp
>> light('Position',[-3 -2 1]);
>> lighting flat
```

```
>> lighting phong
```

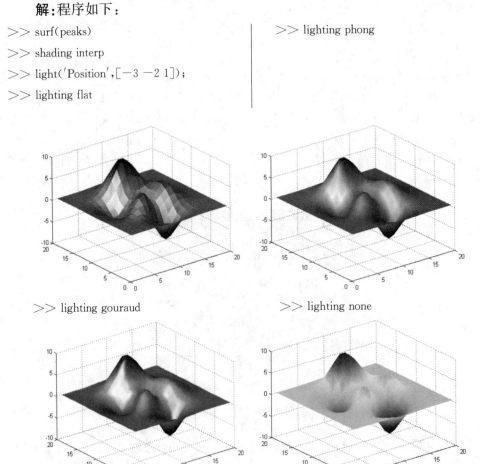

　　　>> lighting gouraud　　　　　　　　>> lighting none

【例 5.50】 用 subplot 语句在一个图形窗口上开多个大小不等的子窗口进行绘图并添加注释,见图。

解:程序如下：

```
>> subplot('position',[0.1,0.15,0.3,0.65])
>> hist(randn(1,1000),20);
>> xlabel('直方图')
>> subplot('position',[0.45,0.52,0.25,0.28])
>> [xp,yp,zp]=peaks;
>> contour(xp,yp,zp,15,'k')
>> hold on
>> pcolor(xp,yp,zp)
>> shading interp
>> hold off
>> axis off
>> text(-1.2,-4,'伪彩色图')
>> subplot('position',[0.72,0.5,0.25,0.3])
>> sphere(25);
>> axis equal,axis([-0.75,0.75,-0.75,0.75,
-0.75,0.75])
>> light('Position',[1 3 2]);
>> light('Position',[-3 -1 3]);
>> material shiny
>> axis off
>> text(-0.8,-0.7,-1,'三维图')
>> subplot('position',[0.45,0.15,0.5,0.25])
```

```
>> t=0:pi/15:pi;
>> y=sin(4 * t). * sin(t)/2;
>> plot(t,y,'-bs','LineWidth',2,... %设
置线型
'MarkerEdgeColor','k',... %设置标记点边缘
颜色
'MarkerFaceColor','y',... %设置标记点填充
颜色 'MarkerSize',5)
>> axis([0,3.14,-0.5,0.5])
>> xlabel('带标记点的线图')
>> subplot('position',[0.1,0.9,0.8,0.1])
>> text(0.25,0.2,'多窗口绘图示例',...
>> 'fontsize',25,'fontname','隶书','color','b')
>> axis off
```

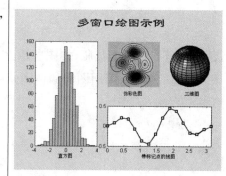

【例 5.51】 分别以条形图、填充图、阶梯图和杆图形式绘制曲线 $y = 2e - 0.5x$。

解:程序如下：

```
x=0:0.35:7;
y=2 * exp(-0.5 * x);
subplot(2,2,1);bar(x,y,'g');
title('bar(x,y,"g")');axis([0,7,0,2]);
subplot(2,2,2);fill(x,y,'r');
```

```
title('fill(x,y,"r")');axis([0,7,0,2]);
subplot(2,2,3);stairs(x,y,'b');
title('stairs(x,y,"b")');axis([0,7,0,2]);
subplot(2,2,4);stem(x,y,'k');
title('stem(x,y,"k")');axis([0,7,0,2]);
```

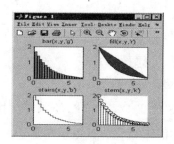

【例 5.52】 用[c,hc]＝contour(peaks(30))语句绘制双峰曲面的等高线图，通过控制图形句柄的方法将第四条等高线加粗为 2 磅，将第六条等高线表示为虚线，在第十条等高线上加星号标记。

解：程序如下：

```
>> [c,hc]=contour(peaks(30));          >> set(hc(4),'linewidth',2)
>> set(hc(6),'edgecolor',[1,0.8,0],'   >> set(hc(10),'marker','*')
linestyle',':')
```

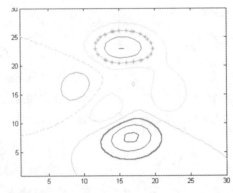

【例 5.53】 做一个花瓶，如图所示。（提示：做一个旋转体表面，调入一幅图像对该表面进行彩绘，即用图像的色图索引作为表面体的色图索引）

解：程序如下：

```
>> t=(0:20)/20;
>> r=sin(2*pi*t)+2;
>> [x,y,z]=cylinder(r,40);          %产生旋转体表面的三维数据
>> cx=imread('flowers.tif');        %读取名为 flowers.tif 的图象文件
>> [c,map]=rgb2ind(cx,256);         %真彩色图转换为索引图(若读入的是索引图,不需转换)
>> c1=double(c)+1;       % 把 unit8 编址图像数据变换为双精度格式
>> surface(x,y,z,'Cdata',flipud(c1),'FaceColor','texturemap',...
'EdgeColor','none','CDataMapping','direct','Ambient',...
0.6,'diffuse',0.8,'speculars',0.9)      %通过属性设置,进行彩绘
>> colormap(map)                    %使用图像的色图
>> view(-50,10)
>> axis off
```

【例 5.54】 绘制三维图形。

(1)绘制魔方阵的三维条形图；

(2)以三维杆图形式绘制曲线 $y=2\sin x$；

(3)已知 $x=[2347,1827,2043,3025]$，绘制三维饼图；

(4)用随机的顶点坐标值画出 5 个黄色三角形。

解:程序如下:

```
subplot(2,2,1);
bar3(magic(4));
subplot(2,2,2);
y=2 * sin(0:pi/10:2 * pi);
stem3(y);
```

```
subplot(2,2,3);
pie3([2347,1827,2043,3025]);
subplot(2,2,4);
fill3(rand(3,5),rand(3,5),rand(3,5),'y');
```

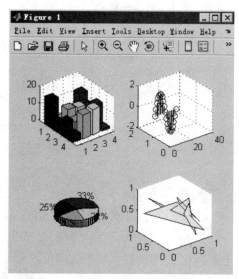

【例 5.55】 绘制多峰函数的瀑布图和等高线图。

解:程序如下:

```
subplot(1,2,1);
[X,Y,Z]=peaks(30);
waterfall(X,Y,Z);
xlabel('XX');ylabel('YY');zlabel('ZZ');
```

```
subplot(1,2,2);
contour3(X,Y,Z,12);%其中 12 代表高度的
等级数
xlabel('XX');ylabel('YY');zlabel('ZZ');
```

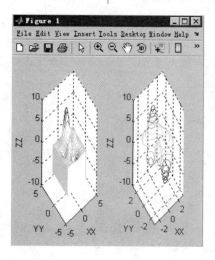

【例 5.56】 绘制三维陀螺面。

解:程序如下:

```
t1=0:0.1:0.9;
t2=1:0.1:2;
r=[t1 −t2+2];
[x,y,z]=cylinder(r);
surf(x,y,z);
grid;
```

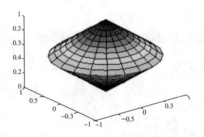

5.12　MATLAB 动画

Matalb 可以进行一些简单的动画演示,实现这种操作的主要命令为 moviein 命令,getframe 命令以及 movie 命令。下面对如何用 Matlab 做动画演示进行介绍:

(1)利用 moviein 命令对内存进行初始化,创建一个足够大的矩阵,使其能够容纳基于当前坐标轴大小的一系列指定的图形(帧);moviein(n)可以创建一个足够大的 n 列矩阵。

(2)利用 getframe 命令生成每个帧。

(3)利用 movie 命令按照指定的速度和次数运行该动画,movie(M,n)可以播放由矩阵 M 所定义的画面 n 次,默认 n 时只播放一次。

【例 5.57】 演示山峰函数绕 Z 轴旋转的动画。

解:程序如下:

```
[X,Y,Z]=peaks(30);
surf(X,Y,Z)
axis([−3,3,−3,3,−10,10])
axis off
shading interp
colormap(hot)
M=moviein(20);  %建立一个 20 列的大矩阵
for i=1:20
view(−37.5+24*(i−1),30)  %改变视点
M(:,i)=getframe;  %将图形保存到 M 矩阵
end
movie(M,2)  %播放画面 2 次
```

【例 5.58】　卫星绕地球旋转演示动画。

解：程序如下：

```
%by dynamic
h＝figure('numbertitle','off','name','卫星绕地球旋转演示动画—Matlabsky');%设置标题
名字
s1＝0:.01:2 * pi;
hold on;
axis equal;%建立坐标系
axis off;%除掉 axes
r1＝10;%地球到太阳的平均距离
r2＝3;%卫星的轨道半径
w1＝1;%设置地球公转角速度
w2＝12;%设置卫星绕地球公转角速度
t＝0;%初始时刻
pausetime＝.002;%设置视觉暂留时间
sita1＝0;
sita2＝0;%设置开始它们都在水平线上
set(gcf,'doublebuffer','on')%消除抖动
plot(−20,18,'color','r','marker','.','markersize',40);
text(−17,18,'太阳');%对太阳进行标识
plot(−20,16,'color','b','marker','.','markersize',20);
text(−17,16,'地球');%对地球进行标识
plot(−20,14,'color','w','marker','.','markersize',13);
text(−17,14,'卫星');%对卫星进行标识
plot(0,0,'color','r','marker','.','markersize',60);%画太阳
plot(r1 * cos(s1),r1 * sin(s1));%画地球公转轨道
set(gca,'xlim',[−20 20],'ylim',[−20 20]);
p1＝plot(r1 * cos(sita1),r1 * sin(sita1),'color','b','marker','.','markersize',30);%画地球
初始位置
l1＝plot(r1 * cos(sita1)＋r2 * cos(s1),r1 * sin(sita1)＋r2 * sin(s1));%画卫星绕地球的公转
轨道
p2x＝r1 * cos(sita1)＋r2 * cos(sita2);
p2y＝r1 * sin(sita1)＋r2 * sin(sita2);
p2＝plot(p2x,p2y,'w','marker','.','markersize',20);%画卫星的初始位置
orbit＝line('xdata',p2x,'ydata',p2y,'color','r');%画卫星的运动轨迹
while 1
if ～ishandle(h),return,end
set(p1,'xdata',r1 * cos(sita1),'ydata',r1 * sin(sita1));%设置地球的运动过程
```

```
set(l1,'xdata',r1 * cos(sita1)+r2 * cos(s1),'ydata',r1 * sin(sita1)+r2 * sin(s1));%设置卫
星绕地球的公转轨道的运动过程
ptempx=r1 * cos(sita1)+r2 * cos(sita2);
ptempy=r1 * sin(sita1)+r2 * sin(sita2);
set(p2,'xdata',ptempx,'ydata',ptempy);%设置卫星的运动过程
p2x=[p2x ptempx];
p2y=[p2y ptempy];
set(orbit,'xdata',p2x,'ydata',p2y);%设置卫星运动轨迹的显示过程
sita1=sita1+w1 * pausetime;%地球相对太阳球转过的角度
sita2=sita2+w2 * pausetime;%卫星相对地球转过的角度
pause(pausetime);%视觉暂停
drawnow %刷新屏幕,重绘
end
%%
%擦除动画实例——太阳|地球|月亮|卫星,绕转演示动画
clear;clc;close all
%定义几组变量.分别代表的含义是:
%相对圆心坐标 半径 最近距离 最远距离 周期 角速度 旋转角度
x0=0;y0=0;r0=80;Lmin0=0;  Lmax0=0;  T0=2160;  w0=0 * pi/T0;q0=0;
x1=0;y1=0;r1=40;Lmin1=25;Lmax1=30;T1=1080;  w1=pi/T1;  q1=0;
x2=0;y2=0;r2=20;Lmin2=8;  Lmax2=10;T2=180;  w2=pi/T2;  q2=0;
x3=0;y3=0;r3=10;Lmin3=3;  Lmax3=05;T3=30;   w3=pi/T3;  q3=0;
%初始化
hh=figure('numbertitle','off','name','太阳|地球|月亮|卫星,绕转演示动画—Matlabsky');
%设置擦除方式
sun=line(0 ,0 ,'color','r','linestyle','.','erasemode','xor','markersize',r0);%太阳
earth=line(x0,y0,'color','k','linestyle','.','erasemode','xor','markersize',r1);%地球
moon=line(x1,y1,'color','b','linestyle','.','erasemode','xor','markersize',r2);%月亮
satellite=line(x2,y2,'color','g','linestyle','.','erasemode','norm','markersize',r3);%卫星
%添加标注
axis off
title('太阳|地球|月亮|卫星','fontname','宋体','fontsize',9,'FontWeight','demi','Color','black');
text(-20,50,'——更多精彩参见 http://www. matlabsky.com');
text(-50,50,'太阳');    %对太阳进行标识
line(-55,50,'color','r','marker','.','markersize',80);
text(-50,40,'地球');    %对地球进行标识
line(-55,40,'color','k','marker','.','markersize',40);
text(-50,30,'月亮');    %对月亮进行标识
```

```
line(−55,30,'color','b','marker','.','markersize',20);
text(−50,20,'卫星');        %对卫星进行标识
line(−55,20,'color','g','marker','.','markersize',10);
%绘制轨道
s1=[0:.01:2*pi];
line(Lmax1*cos(s1),Lmin1*sin(s1),'linestyle',':');  %画地球的轨迹,是个椭圆
axis([−60,60,−60,60]);   %调整坐标轴
%开始画图
t=0;
while 1
    if ∼ishandle(hh),return,end
    q0=t*w0;q1=t*w1;q2=t*w2;q3=t*w3;t=t+1;  %设置运动规律
    if t>=4320;t=0;end   %到了一个周期就重置
    x0 = Lmax0 * cos(q1);y1 = Lmin0 * sin(q1);%设置太阳圆心的坐标(在这个程序
里,太阳圆心的坐标是不变的,所以可以省略)
    x1 = x0 + Lmax1 * cos(q1);y1 = y0 + Lmin1 * sin(q1);%设置地球圆心的坐标
    x2 = x1 + Lmax2 * cos(q2);y2 = y1 + Lmin2 * sin(q2);%设置月亮圆心的坐标
    x3 = x2 + Lmax3 * cos(q3);y3 = y2 + Lmin3 * sin(q3);%设置卫星圆心的坐标
    set(sun,'xdata',x0,'ydata',y0);     %画太阳
    set(earth,'xdata',x1,'ydata',y1);      %画地球
    set(moon,'xdata',x2,'ydata',y2);       %画月亮
    set(satellite,'xdata',x3,'ydata',y3);  %画卫星
    line('xdata',x2,'ydata',y2,'color','y');    %设置月亮的轨迹
    line('xdata',x3,'ydata',y3,'color','r');    %设置卫星的轨迹
    drawnow;
end
```

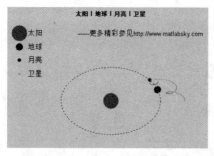

【例 5.59】　Matlab 时钟动画演示。

解:程序如下:

```
%rewrite by dynamic
%more information please go to http://www.matlabsky.cn
try
```

```
close all
hfig=figure('NumberTitle','off','name','Clock Animation Demo —— by MatlabSky','MenuBar','none');
theta=linspace(0,6.3,1000);
x1=8*cos(theta);y1=8*sin(theta);
plot(x1,y1,'b','linewidth',1.4)%绘制外表盘
hold on
axis equal
x2=7*cos(theta);y2=7*sin(theta);
plot(x2,y2,'y','linewidth',3.5)%绘制内表盘
fill(0.4*cos(theta),0.4*sin(theta),'r');%绘制指针转轴
axis off
axis([-10 10 -10 10])
set(gca,'position',[[0.13 0.05 0.775 0.815]])
title(date,'fontsize',18)
for k=1:12;
xk=9*cos(-2*pi/12*k+pi/2);
yk=9*sin(-2*pi/12*k+pi/2);
plot([xk/9*8 xk/9*7],[yk/9*8 yk/9*7],'color',[0.3 0.8 0.9]);
text(xk,yk,num2str(k),'fontsize',16,'color',[0.9 0.3 0.8],'HorizontalAlignment','center');%表盘时刻标度
end
%计算时针位置
ti=clock;
th=-(ti(4)+ti(5)/60+ti(6)/3600)/12*2*pi+pi/2;
xh3=4.0*cos(th);
yh3=4.0*sin(th);
xh2=xh3/2+0.5*cos(th-pi/2);
yh2=yh3/2+0.5*sin(th-pi/2);
xh4=xh3/2-0.5*cos(th-pi/2);
yh4=yh3/2-0.5*sin(th-pi/2);
hh=fill([0 xh2 xh3 xh4 0],[0 yh2 yh3 yh4 0],[0.6 0.5 0.3]);
%计算分针位置
tm=-(ti(5)+ti(6)/60)/60*2*pi+pi/2;
xm3=6.0*cos(tm);
ym3=6.0*sin(tm);
xm2=xm3/2+0.5*cos(tm-pi/2);
ym2=ym3/2+0.5*sin(tm-pi/2);
```

```
xm4＝xm3/2－0.5 * cos(tm－pi/2);
ym4＝ym3/2－0.5 * sin(tm－pi/2);
hm＝fill([0 xm2 xm3 xm4 0],[0 ym2 ym3 ym4 0],[0.6 0.5 0.3]);
%计算秒针位置
ts＝－(ti(6))/60 * 2 * pi＋pi/2;
hs＝plot([0 7 * cos(ts)],[0 7 * sin(ts)],'color','w','linewidth',2);
set(gcf,'doublebuffer','on');
while 1;
ti＝clock;%每次读取系统时间,并进行运算
%计算时针位置
th＝－(ti(4)＋ti(5)/60＋ti(6)/3600)/12 * 2 * pi＋pi/2;
xh3＝4.0 * cos(th);
yh3＝4.0 * sin(th);
xh2＝xh3/2＋0.5 * cos(th－pi/2);
yh2＝yh3/2＋0.5 * sin(th－pi/2);
xh4＝xh3/2－0.5 * cos(th－pi/2);
yh4＝yh3/2－0.5 * sin(th－pi/2);
set(hh,'XData',[0 xh2 xh3 xh4 0],'YData',[0 yh2 yh3 yh4 0])
%计算分针位置
tm＝－(ti(5)＋ti(6)/60)/60 * 2 * pi＋pi/2;
xm3＝6.0 * cos(tm);
ym3＝6.0 * sin(tm);
xm2＝xm3/2＋0.5 * cos(tm－pi/2);
ym2＝ym3/2＋0.5 * sin(tm－pi/2);
xm4＝xm3/2－0.5 * cos(tm－pi/2);
ym4＝ym3/2－0.5 * sin(tm－pi/2);
set(hm,'XData',[0 xm2 xm3 xm4 0],'YData',[0 ym2 ym3 ym4 0])
%计算秒针位置
ts＝－(ti(6))/60 * 2 * pi＋pi/2;
set(hs,'XData',[0 7 * cos(ts)],'YData',[0 7 * sin(ts)])
drawnow;
pause(0.09)
end
catch
return
end
%%
```

【例 5.60】 嫦娥奔月演示程序：

figure('name','嫦娥一号与月亮、地球关系');%设置标题名字

s1=[0:.01:2 * pi];

hold on;axis equal;%建立坐标系

axis off ; %除掉 Axes

r1=10;%月亮到地球的平均距离

r2=3;%嫦娥一号到月亮的平均距离

w1=1;%设置月亮公转角速度

w2=12;%设置嫦娥一号绕月亮公转角速度

t=0;%初始时刻为 0

pausetime=.002;%设置暂停时间

sita1=0;sita2=0;%设置开始它们都在水平线上

set(gcf,'doublebuffer','on') %消除抖动

plot(−20,18,'color','r','marker','.','markersize',40);%在图中相应坐标位置画出一个红色圆点

text(−17,18,'地球');%对地球进行标识

p1=plot(−20,16,'color','b','marker','.','markersize',20);%在图中相应坐标画出一个蓝色圆点

text(−17,16,'月亮');%对月亮进行标识

p1=plot(−20,14,'color','w','marker','.','markersize',13);%在图中相应坐标画出一个白色圆点

text(−17,14,'嫦娥一号');%对嫦娥一号进行标识

plot(0,0,'color','r','marker','.','markersize',60);%画地球

plot(r1 * cos(s1),r1 * sin(s1));%画月亮公转轨道

set(gca,'xlim',[−20 20],'ylim',[−20 20]);

p1=plot(r1 * cos(sita1),r1 * sin(sita1),'color','b','marker','.','markersize',30);%画月亮初始位置

l1=plot(r1 * cos(sita1)+r2 * cos(s1),r1 * sin(sita1)+r2 * sin(s1));%画嫦娥一号绕月亮公

转轨道

p2x＝r1 * cos(sita1)＋r2 * cos(sita2);p2y＝r1 * sin(sita1)＋r2 * sin(sita2);

p2＝plot(p2x,p2y,'w','marker','.','markersize',20);%画嫦娥一号的初始位置

orbit＝line('xdata',p2x,'ydata',p2y,'color','r');%画嫦娥一号的运动轨迹

while 1

set(p1,'xdata',r1 * cos(sita1),'ydata',r1 * sin(sita1));%设置月亮的运动过程

set(l1,'xdata',r1 * cos(sita1)＋r2 * cos(s1),'ydata',r1 * sin(sita1)＋r2 * sin(s1));%设置嫦

娥一号绕月亮的公转轨道的运动过程

ptempx＝r1 * cos(sita1)＋r2 * cos(sita2);ptempy＝r1 * sin(sita1)＋r2 * sin(sita2);

set(p2,'xdata',ptempx,'ydata',ptempy);%设置嫦娥一号的运动过程

p2x＝[p2x ptempx];p2y＝[p2y ptempy];

set(orbit,'xdata',p2x,'ydata',p2y);%设置嫦娥一号运动轨迹的显示过程

sita1＝sita1＋w1 * pausetime;%月亮相对地球转过的角度

sita2＝sita2＋w2 * pausetime;%嫦娥一号相对月亮转过的角度

pause(pausetime);　%暂停一会

drawnow;

end

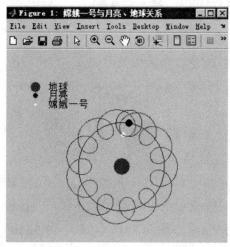

第6章　MATLAB 程序设计

本章主要介绍 MATLAB 程序设计的有关方法,包括 M 文件简介、程序控制结构以及函数调用和参数传递,最后列举一些典型的程序设计。

6.1　M 文件简介

用 MATLAB 语言编写的程序,称为 M 文件。MATLAB 提供了两种源程序文件格式:脚本文件和函数文件。这两种文件的扩展名均为"m"。

➢ M 脚本(Scripts)文件(命令行文件):没有输入参数,也不返回输出参数;

➢ M 函数(Functions)文件:既可以有输入参数、输出参数,也可以没有输入参数、输出参数。

6.1.1　M 文件的建立和编辑

6.1.1.1　建立新的 M 文件

➢ 点击 MATLAB 指令窗口工具条上的 New File 图标;

➢ 从 MATLAB 命令窗口的 File 菜单中选择 New 菜单项,再选择 M-file 命令;

➢ 在 MATLAB 指令窗口运行指令 edit。

6.1.1.2　编辑已有的 M 文件

➢ 点击 MATLAB 指令窗口工具条上的 Open File 图标;

➢ 在 MATLAB 命令窗口的 File 菜单中选择 Open 命令;

➢ 在 MATLAB 指令窗口中运行指令 edit mfile. m 和函数文件(Function File)。命令文件可以直接运行,在 MATLAB 命令窗口输入命令文件的名字,就会顺序执行命令文件中的命令;函数文件不能直接运行,而要以函数调用的方式来调用它。

注意:默认情况下 M 文件的存放位置是 MATLAB 安装目录下的 work 子目录。

➢ 数据的输入。

从键盘输入数据,可以使用 input 函数来进行,该函数的调用格式为:

A＝input('提示信息',选项);

提示信息为一个字符串,用于提示用户输入什么样的数据。例如,从键盘输

入 A 矩阵,可以采用下面的命令来完成:

A＝input('输入 A 矩阵:');

's'选项允许用户输入一个字符串。

例如,想输入一个人的姓名,可采用命令:

xm＝input('What''s your name?','s');

➤ 数据的输出。

数据的输出主要采用 disp 函数,其调用格式为

disp(输出项)

其中,输出项既可以为字符串,也可以为矩阵。

例如:

A＝'Hello,World!';

disp(A)

6.1.2　M 脚本文件(命令行文件)

将需要运行的命令编辑到一个文件中,然后在 MATLAB 命令窗口输入该文件名称,便会顺序执行文件中的命令,该文件称为脚本文件。

➤ 脚本文件中的命令格式和前后顺序,与在命令窗口中输入的指令无区别;

➤ 与在命令窗口中直接运行命令一样,脚本文件产生的变量都驻留在 MATLAB 的 workspace 中,可以方便查看变量;脚本文件可以直接访问 workspace 中的所有数据;

➤ M 文件的文件名要避免与 MATLAB 内置函数与工具箱中的函数重名,并要放在搜索路径内。

【例 6.1】　建立一个脚本文件,将变量 a、b 的值互换。

解:建立 example1.m 文件

```
a=1:9;
b=[11 12 13; 14 15 16; 17 18 19];
c=a;
a=b;
b=c;
a
b
```

指令窗口执行该程序。

```
>> example1
a =
    11    12    13
    14    15    16
    17    18    19
b =
    1   2   3   4   5   6   7   8   9
```

6.1.3 MATLAB 函数定义及调用

6.1.3.1 函数文件

函数文件由 function 语句引导,其基本结构为:

function 输出变量＝函数名(输入变量)

当输出多于一个时,则应该用方括号括起来。

函数名和文件名要一致。

(1)匿名函数。

匿名函数不需要 M 文件,只包含一个 MATLAB 表达式,任意多个输入和一个输出,可以在命令窗口、M 文件中定义,其语法为:

$$f=@(arglist)expression$$

说明:

①expression 是该函数的函数体,arglist 是输入参数列表;

②匿名函数可以具有多个输入参数,也可以没有输入参数,但是只能有一个输出参数(ans)。

```
>> t=@()disp('Good Morning!');
>> t()
Good Morning!
>> squ=@(x)x^2
squ =
    @(x)x^2
>> squ(10)
```

```
ans =
100
>> sumxy=@(x,y)2*x+4*y;
>> sumxy(2,4)
ans =
    20
```

(2)主函数和子函数。

主函数和子函数的区别:

➤ MATLAB 允许一个 M 函数文件包含多个函数的代码,其中第一个出现的函数称为主函数,其余的函数为子函数。

➤ 保存时所用的函数名称与主函数定义名相同。

➤ 主函数可以在 M 文件外部调用,而子程序不行。

➤ 同一文件的主函数和子函数的工作空间是相互独立的。

【例 6.2】 编写一函数,要求输入任意两个数后,求出这两数之和与绝对值之和的积。

function ch＝sub(x,y)　　　　%主函数	运行结果：
ch＝sub1(x,y)＊sub2(x,y)；	＞＞ sub(4,3)
function ch＝sub1(x,y)　　%子函数1	ans ＝
ch＝x＋y；	49
function ch＝sub2(x,y)　　%子函数2	＞＞ sub(4,−3)
ch＝abs(x)＋abs(y)；	ans ＝
	7

（3）函数的调用。

函数的调用方式：

［输出实参表］＝函数名（输入实参表）

（4）函数参数的个数。

函数参数的个数如表 6-1 所示。

nagin：该函数输入实参的个数。

nargout：该函数输出实参的个数。

表 6-1　函数参数个数

nargin	在函数体内获得实际输入变量个数
nargout	在函数体内获得实际输出变量个数
nargin('fun')	在函数体外获取定义的输入参数个数
nargout('fun')	在函数体外获取定义的输出参数个数

【例 6.3】　编写求一个向量之和以及向量平均值的函数文件。

function [s,m]＝fvector(v)	[m,n]＝size(v)；
% VECTOR fvector. m calculates sum and	if (m＞1 & n＞1) | (m＝＝1 & n＝＝1)
mean of a vector	error('Input must be a vector')
%v　向量	end
%s　和	s＝sum(v)；　　　　%求向量和
%m　平均值	m＝s/length(v)；　%求向量平均值

将以上函数文件以文件名 fvector. m 存盘，然后在 MATLAB 命令窗口调用该函数：

［s,p］＝fvector(1:10)

6.1.3.2　注释说明

注释说明包括如下三部分内容。

●紧随函数文件引导行之后以％开头的第一注释行。这一行一般包括大写的函数文件名和函数功能简要描述，供 look for 关键词查询和 help 在线帮助用。

●第一注释行及之后连续的注释行通常包括函数输入输出参数的含义及调

用格式说明等信息,构成全部在线帮助文本。

●相隔一空行的注释行包括函数文件编写和修改的信息,如作者、修改日期、版本等内容,用于软件档案管理。

【例 6.4】 利用函数的递归调用,求 n!。

分析:求 n! 需要求(n−1)!,可采用递归调用。

解:程序如下:

```
function f=factor(n)              else
if n<=1                               f=factor(n-1)*n;    %递归调用求(n-
    f=1;                          1)!
                                  end
```

【例 6.5】 编写函数文件,实现直角坐标(x,y)与极坐标(ρ,θ)之间的转换。

解:程序如下:

```
function [rho,theta]=tran(x,y)    theta=atan(y/x);
rho=sqrt(x*x+y*y);
```

6.1.3.3 全局变量与局部变量

(1)局部变量(Local Variables)。

局部变量是在函数体内部的变量,其影响范围是本函数内部,而且不加载到 MATLAB 的工作空间。局部变量只在函数执行期间存在,在函数执行完后,变量就会消失。

(2)全局变量(Global Variables)。

全局变量是可以在不同的函数工作空间和 MATLAB 工作空间中共享使用的变量。在使用前必须用 global 定义,而且在任何使用该变量的函数中都要加以定义,即使在命令窗口中也不例外。

```
function f=global_exam(x,y)       >> A=1;
% define 2 global variables       >> B=2;
global A  B                       >> f=global_exam(2,3)
f=A*x+B*y;                        f =
在命令窗口中输入                          8
>> global A B
```

6.1.3.4 程序调试

应用程序的错误有两类,一类是语法错误,另一类是运行时的错误。语法错误包括语法或文法的错误,如函数名拼写错、表达式书写错、数据类型错误等。MATLAB 能够检查出大部分的语法错误,给出相应错误信息,并标出错误在程序中的行号。

程序运行时的错误是指程序的运行结果有错误,这类错误也称为程序逻辑错误。MATLAB 系统对逻辑错误是无能为力的,不会给出任何提示信息。这时可以通过一些调试手段来发现程序中的逻辑错误,最常见的办法是通过获取中间结果的方式来获取错误可能发生的程序段,以便进一步分析错误的原因。

(1)控制单步运行。

①Step:单步运行。每单击一次,程序运行一次,但不进入函数。

②Step In:单步运行。遇到函数时进入函数内,仍单步运行。

③Step Out:停止单步运行。如果是在函数中,就跳出函数;如果不在函数中,直接运行到下一个断点处。

④Go Until Cursor:直接运行到光标所在的位置。

(2)断点操作。

①Set/Clear Breakpoint:设置或清除断点。

②Set/Modify Conditional Breakpoint:设置或修改条件断点。条件断点可以使程序执行到满足一定条件时停止。

③Enable/Disable Breakpoint:使断点有效或无效。

④Clear Breakpoints in All Files:清除所有断点。

⑤Stop If Errors/Warnings:在程序执行出现错误或警告时,停止程序运行,进入调试状态,不包括 try…catch 语句中的错误。

6.1.3.5　程序性能分析

通过函数文件性能评估器(Profiler)用户可以很方便地了解程序执行过程中各函数及函数中的每条语句所耗费的时间,从而有针对性地改进程序,提高程序的运行效率。

在 MATLAB 主窗口的"Desktop"菜单中选择"Profiler"命令或在 M 文件编辑器的"Tools"菜单中选择"Open Profiler"命令,屏幕上将出现 Profiler 性能评估器。在"Run this code"编辑框中输入一个 M 文件名(如 ch01031)后,单击 Start Profiling 命令按钮或按回车键启动分析。假如 1. m 中有代码如下:

```
x=-20:0.1:20;                      plot(x,y);
y=300 * sin(x). /x;
```

检测综述报表提供了运行文件的时间和相关函数的调用频率,反映出整个程序耗时 7.052s,其中执行与绘制图形中调用的 newplot 函数耗时最多。单击某函数名,则打开相应函数的详细报告。

6.1.3.6　程序优化

(1)向量化。

【例 6.6】 计算 $\dfrac{1}{1} + \dfrac{1}{2} + \dfrac{1}{3} + \cdots + \dfrac{1}{n}$，当 $n = 100$ 时，求 y 的值。

分析：用循环结构实现。

解：程序如下：

```
y=0;
n=100;
for i=1:n
    y=y+1/i;
end
y
```

采用向量求和的方法

```
n=100;
i=1:n;
f=1./i;
y=sum(f)
```

（2）预分配内存空间。通过在循环之前预分配向量或数组的内存空间可以提高 for 循环的处理速度。例如，下面的代码用函数 zeros 预分配 for 循环中用到的向量 a 的内存空间，使得这个 for 循环的运行速度显著加快。

```
程序 1：
clear;
a=0;
for n=2:1000
a(n)=a(n-1)+10;
end
```

```
程序 2：
clear;
a=zeros(1,1000);
for n=2:1000
    a(n)=a(n-1)+10;
end
```

程序 2 采用了预定义矩阵的方法，运行时间比程序 1 要短。

（3）减小运算强度。采用运算量更小的表达式，一般来说，乘法比乘方运算快，加法比乘法运算快，位运算比求余运算快。例如：

```
clear;
a=rand(32);  %生成一个 32×32 的矩阵
```

```
x=a.^3;
y=a.*a.*a;
```

从 Profiler 的评估报告中可以看出，a.*a.*a 运算比 a.^3 运算所花的时间少得多。

6.2　程序控制结构

MATLAB 的程序控制结构包括顺序结构、条件分支结构、循环结构和试探结构四种。下面分别予以介绍。

6.2.1　顺序结构

顺序结构是指按照程序中语句的排列顺序依次执行。

【例 6.7】 求一元二次方程 $ax^2 + bx + c = 0$ 的根。直接根据求根公式求根。

程序如下：

```
a=input('a=?');
b=input('b=?');
c=input('c=?');
d=b*b-4*a*c;
```

```
x=[(-b+sqrt(d))/(2*a),(-b-sqrt
(d))/(2*a)];
disp(['x1=',num2str(x(1)),',x2=',
num2str(x(2))]);
```

程序的暂停

当程序运行时,有时需要暂停程序的执行,可以使用 pause 函数,其调用格式为

$$pause(延迟秒数)$$

如果省略延迟时间,则将暂停程序,直到用户按任一键后程序继续执行。

若要强行中止程序的运行可使用 Ctrl+C 组合键。

6.2.2　条件分支结构

条件分支结构也称为选择结构,根据给定的条件成立或不成立,分别执行不同的语句。

6.2.2.1　if 语句

(1)单分支 if 语句:

if 条件

　　语句块

end

当条件成立时,则执行语句组,执行完之后继续执行 if 语句的后继语句,若条件不成立,则直接执行 if 语句的后继语句。

(2)双分支 if 语句:

if 条件

　　语句块 1

else

　　语句块 2

end

当条件成立时,执行语句组 1,否则执行语句组 2,语句组 1 或语句组 2 执行后,再执行 if 语句的后继语句。

【例 6.8】　计算分段函数:$y=\begin{cases} \lg(x^2+1)+\sqrt{x^2+1}, & x<0, \\ \dfrac{\sin(x)}{x+1}, & x\geqslant 0。 \end{cases}$

解:程序如下:

```
x=input('请输入 x 的值:');
if x<0
  y=log(x*x+1)+sqrt(x*x+1);
else
```

```
  y=sin(x)/(x+1);
end
disp(y)    %可以去掉 disp
```

(3)多分支 if 语句：

```
if 条件 1
    语句块 1
elseif 条件 2
    语句块 2
    ……
elseif 条件 n
    语句块 n
else
    语句块 n+1
end
```

【例 6.9】　输入一个字符，若为大写字母，则输出其对应的小写字母；若为小写字母，则输出其对应的大写字母；若为数字字符则输出其对应数的平方，若为其他字符则原样输出。

解：程序如下：

```
c=input('请输入一个字符','s');
if c>='A' & c<='Z'
disp(lower(c));
elseif c>='a'& c<='z'
disp(upper(c));
elseif c>='0'& c<='9'
disp(str2num(c)^2);
else
  disp(c);
end
```

6.2.2.2　switch 语句

switch 语句根据表达式的取值不同，分别执行不同的语句，其语句格式为

```
switch 表达式
case 结果表 1
    语句块 1
case 结果表 2
    语句块 2
    ……
case 结果表 n
    语句块 n
otherwise
    语句块 n+1
end
```

switch 后面的表达式应为一个标量或一个字符串，case 后面的结果不仅可以为一个标量或一个字符串，而且还可以为一个将多个结果用大括号括起来的单元

数据。如果 case 后面的结果为一个单元数据,那么当表达式的值等于该单元数据中的某个元素时,执行相应的语句组。

【例 6.10】　将上例改用 switch 语句实现。

解:程序如下:

```
c=input('请输入一个字符:','s');
cc=abs(c);
switch(cc)
    case num2cell(abs('A'):abs('Z'))
        disp(lower(c));
    case  num2cell(abs('a'):abs('z'))
        disp(upper(c));
    case num2cell(abs('0'):abs('9'))
        disp((abs(c)-abs('0'))^2);
    otherwise
        disp(c);
end
```

num2cell 函数是将数值矩阵转化为单元数据,num2cell(1:5)等价于{1,2,3,4,5}。

6.2.3　循环结构

循环是指按照给定的条件,重复执行指定的语句。

6.2.3.1　for 语句

```
for 循环变量=表达式 1:表达式 2:表达式 3
    循环体语句
end
```

其中,表达式 1 的值为循环变量的初值,

表达式 2 的值为步长,

表达式 3 的值为循环变量的终值。步长为 1 时,表达式 2 可以省略。

【例 6.11】　一个 3 位整数,若各位数字的立方和等于该数本身,则称该数为水仙花数。编写程序,输出全部水仙花数。

解:程序如下:

```
shu=[];   %用于存放结果,先赋空值
for m=100:999
  m1=fix(m/100);%求 m 的百位数字
  m2=rem(fix(m/10),10);%求 m 的十位
数字
  m3=rem(m,10);%求 m 的个位数字
  if
      m==m1*m1*m1+m2*m2*m2+m3*
      m3*m3
      shu=[shu,m];%存入结果
  end
end
shu
```

6.2.3.2　while 语句

```
while(条件)
    循环体语句
end
```

【例 6.12】 求使 $\dfrac{1}{1^2}+\dfrac{1}{2^2}+\dfrac{1}{3^2}+\cdots+\dfrac{1}{n^2}>1.5$ 最小的 n。

解: 程序如下:

```
y=0;                          y=y+1/n/n;
n=0;                          end
while (y<=1.5)                disp(['满足条件的 n 是:',num2str(n)])
n=n+1;
```

【例 6.13】 输入两个整数,求它们的最小公倍数。

解: 程序如下:

```
x=input('请输入第一个数:');          z=z+1;
y=input('请输入第二个数:');          end
z=max(x,y);                         disp([num2str(x),'和',num2str(y),'的最
while or(rem(z,x)~=0,rem(z,y)~=0)    小公倍数是:',num2str(z)])
```

6.2.3.3　break 语句和 continue 语句

break 语句用于终止循环的执行。当在循环体内执行到该语句时,程序将跳出循环,继续执行循环语句的下一语句。

continue 语句控制跳过循环体中的某些语句。当在循环体内执行到该语句时,程序将跳过循环体中所有剩下的语句,继续下一次循环。

6.2.3.4　循环的嵌套

【例 6.14】 设 x,y,z 均为正整数,求下列不定方程组共有多少组解。

$$\begin{cases} x+y+z=20 \\ 25x+20y+16z=400 \end{cases}$$

方程的个数少于未知数的个数的方程称为不定方程,一般没有唯一解,而有多组解。对于这类问题,可采用穷举法,即将所有可能的取值一个一个地去试,看是否满足方程,如满足,即是方程的解。

首先确定 3 个变量的可取值,x、y、z 均为正整数,所以 3 个数的最小值是 1,而其和为 20,所以 3 者的最大值是 18。

解: 程序如下:

```
n=0;                              n=n+1;
a=[];                             end
for x=1:18                      end
    for y=1:18                end
        z=20-x-y;             disp(['方程组共有',num2str(n),'组解']);
        if 25*x+20*y+16*z==400   a
            a=[a;x,y,z];
```

6.2.4　试探结构

试探式语句给用户提供了一种错误捕获机制，可以将编译系统发现的错误捕获，控制对发生的错误进行处理。其格式为：

```
try
    语句段 1
catch
    语句段 2
end
```

说明：

本语句结构首先试探性执行语句段 1，若发现错误，将错误信息赋给 lasterr 变量，并放弃执行语句段 1，转而执行语句段 2 中的语句。

【例 6.15】　编写矩阵乘法计算，如有语法错误，则给出错误信息。

```
>> X=magic(4);
>> Y=ones(4,3);
>> try
Z=X*Y
catch
fprintf('not conformable.\n')
end
Z =
    34    34    34
    34    34    34
    34    34    34
    34    34    34
```

```
>> X=magic(4);
>> Y=ones(3);
>> try
Z=X*Y
catch
fprintf('not conformable.\n')
end
not conformable.
>> lasterr
ans =
Error using ==> mtimes
Inner matrix dimensions must agree.
```

6.3　人机交互命令

6.3.1　break 命令

break 使用在循环语句中，一般通过 if 语句来调用 break，从而使系统跳出循环。

【例 6.16】　鸡兔同笼，头 36，腿 100，问鸡兔各有几只？

```
i=1;
while 36-i>0
    if i*2+(36-i)*4==100
        break;
    end
    i=i+1;
```

```
end
fprintf('The number of chickens is %d\n',
i);
fprintf('The number of rabbits is %d\n',36
-i);
```

6.3.2　continue 命令

continue 使用在循环语句中,作用是结束本次循环,即跳过循环体中下面尚未执行的语句,接着执行下一次循环。

【例 6.17】　请列出 1~10 之间的奇数。

解:程序如下:

```
for i=1:10
    if mod(i,2)==0
        continue
    end
    fprintf('%4d',i);
```

```
end
fprintf('\n');
执行结果
>> continue_exam
   1   3   5   7   9
```

6.3.3　input 命令

提示用户从键盘输入数值、字符串和表达式,并接受该输入。

调用格式:A=input(提示信息,选项)

说明:

(1)A=input('statement'):在屏幕上显示 statement,等待用户输入,并将数值赋给 A;

(2)A=input('statement','s'):将输入作为字符串,而不是作为数值赋给变量;

(3)如果没有任何输入字符,而只按回车键,将返回一个空矩阵。'\n'则表示换行输出。

【例 6.18】　计算一元二次方程 $ax^2+bx+c=0$ 的根。

解:程序如下:

```
a=input('a=? \n');
b=input('b=? \n');
c=input('c=?');
d=b^2-4*a*c;
x=[(-b+sqrt(d))/(2*a)
   (-b-sqrt(d))/(2*a)]
执行结果:
>> input_exam
```

```
a=?
1
b=?
2
c=? 3
x =
    -1.0000 + 1.4142i   -1.0000 - 1.4142i
```

6.3.4 pause 命令

该命令的作用是暂停程序的执行,适用于程序调试时,查看中间结果的情况。

调用格式: pause(延迟秒数)

说明:

(1)pause:使程序运行停止,按任意键后继续运行;

(2)pause(n):在继续执行前中止执行程序 n 秒;

(3)pause on:允许后续的 pause 命令中止程序的运行;

(4)pause off:保证后续的 pause 或 pause(n)命令都不中止程序的运行。

【例 6.19】 pause 函数使用说明。

```
function pause_exam          pause
t=0:0.05:3 * pi;             plot(t,y);
x=sin(t);                    pause(3);
y=cos(t);                    plot(t,x+y);
plot(t,x);
```

6.3.5 disp 命令

该命令的作用是在命令窗口输出字符串或矩阵。

调用格式: disp(输出项)

6.3.6 keyboard 命令

在 M 文件中请求键盘输入命令,可以通过输入 return 并按回车键以终止 keyboard 模式。

K>> return

6.3.7 error 语句

调用格式:error('message')

显示错误信息,并将控制权交给键盘,显示 message。如果 message 是空(即 error('')),则 error 命令将不起作用。

【例 6.20】 编写程序求解一元二次方程,如果根为复数,则输出错误信息,并不输出计算结果。

```
function error_test(a,b,c)
%解方程 a*x^2+b*x+c=0
d=b^2-4*a*c;
if d<0
    error('The roots are complex!')
end
x=[(-b+sqrt(d))/(2*a) (-b-sqrt
(d))/(2*a)]
```

```
>> error_test(1,2,3)
??? Error using ==> error_test
The roots are complex!
>> error_test(1,4,3)
x =
        -1     -3
```

6.3.8　warning 语句

调用格式：warning('message')

显示警告信息，它不会终止程序的运行，而仅给出警告信息。

6.3.9　return 命令

return 命令能够使当前函数正常退出。该语句常用于函数的末尾，以正常结束函数的运行，也可以用于其他地方，首先对特定条件判断，然后根据需要调用该命令使函数终止运行。

6.4　程序设计举例

【例 6.21】　编程判断一年是否是闰年，并输出判断结果。

解：程序如下：

```
function leapyear(year)
%使用该程序判断是否是闰年
sign=0;
if mod(year,4)~=0
    sign=0;
elseif mod(year,400)==0
    sign=1;
elseif mod(year,100)==0
    sign=0;
else
    sign=1;
end
if sign==1
    fprintf('%4d year is a leap year! \n',
year)
else
    fprintf('%4d year is not a leap year! \
n',year)
end
```

【例 6.22】　使用 for 循环计算 $\sum\limits_{i=1}^{10} i!$ 以及 $i!$（$i=1:10$）的值。

解：编写脚本文件 forsum.m

```
sum=0;
part=1;
for i=1:10
    part=part * i;
    sum=sum+part;
    fprintf('part(%d)=%d\n',i,part)
end
fprintf('sum=%d\n',sum)
```
运行结果：
```
>> forsum
part(1)=1
```
```
part(2)=2
part(3)=6
part(4)=24
part(5)=120
part(6)=720
part(7)=5040
part(8)=40320
part(9)=362880
part(10)=3628800
sum=4037913
```

【例 6.23】　编写函数文件求小于自然数 n 的斐波那契数列各项。该数列是一整数数列，其中每个数等于前面两数之和。

```
function f=fbnq(n)
%计算斐波那契数列各项
f=[1 1];
i=1;
while f(i)+f(i+1)<n
    f(i+2)=f(i)+f(i+1);
```
```
    i=i+1;
end
```
在指令窗口输入
```
>> fbnq(30)
ans =
    1   1   2   3   5   8   13   21
```

【例 6.24】　输入三角形的三条边，求三角形的面积。如果输入的三个数不能构成三角形，要求输出提示信息"不能构成一个三角形"。

提示：$Area = \sqrt{s(s-a)(s-b)(s-c)}$，其中 $s = (a+b+c)/2$。

程序如下：
```
function tri_area=exp2(a,b,c)
s=(a+b+c)/2;
if (s<=c)|(s<=b)|(s<=a)
    disp('不能构成一个三角形');
```
```
    return
end
tri_area=sqrt(s * (s-a) * (s-b) * (s-c));
```

【例 6.25】　编写一个程序计算下式，其中 x 在 -10 到 10 之间，以 0.5 为步长，使用循环语句加以实现 $y(x)=\begin{cases} -3x^2+5, & x \geqslant 0 \\ 3x^2+5, & x<0. \end{cases}$

程序如下：
```
x=-10:0.5:10;
y=zeros(size(x));
i=numel(x);
for j=1:i
```
```
    if (x>=0)
        y(j)=-3 * x(j)^2+5;
    else
        y(j)=3 * x(j)^2+5;
```

```
    end
end
```

```
x
y
```

【例 6.26】 编写一程序，求出[100 1000]以内的全部素数。

程序如下：

```
function exp4
result=0;
k=1;
for i=100:1000
    sig=1;
    for j=2:fix(sqrt(i))
        if mod(i,j)==0
            sig=0;
            break;
```

```
        end
    end
    if sig==1
        result(k)=i;
        k=k+1;
    end
end
result
```

【例 6.27】 编写函数，分别用 for 和 while 循环结构编写程序，求 $K = \sum_{i=1}^{n} 2^i$ 要求输入自然数 n 时，要有提示。

（1）for 循环结构程序如下：

```
function exp5_1
n=input('请输入自然数 n\n');
K=0;
for i=1:n
```

```
        K=K+2^i;
    end
    K
```

（2）while 循环结构程序如下：

```
function exp5_2
n=input('请输入自然数 n\n');
K=0;
i=1;
while i<=n
```

```
        K=K+2^i;
        i=i+1;
    end
    K
```

【例 6.28】 建立函数 count(x)，其中 x 为一个班的学生成绩，统计该班学生成绩，其中优秀：成绩≥90，良好：80≤成绩＜90，中等：70≤成绩＜80，及格：60≤成绩＜70，不及格：成绩＜60，分别输出优秀、良好、中等、不及格的人数，要求有输入、输出提示语句。例如：

```
>> count
请输入该班学生成绩：          %输出提示
[34 67 98 89 78]             %输入成绩
成绩优秀：1                    %输出结果
成绩良好：1
成绩中等：1
成绩及格：1
成绩不及格：1
程序如下：
grade=input('请输入该班学生成绩\n');
num=zeros(1,5);
i=numel(grade);
for j=1:i
    switch fix(grade(j)/10)
        case {10,9}
num(1)=num(1)+1;
```

```
        case 8
            num(2)=num(2)+1;
        case 7
            num(3)=num(3)+1;
        case 6
            num(4)=num(4)+1;
        otherwise
            num(5)=num(5)+1;
    end
end
fprintf('成绩优秀：%3d\n',num(1));
fprintf('成绩良好：%3d\n',num(2));
fprintf('成绩中等：%3d\n',num(3));
fprintf('成绩及格：%3d\n',num(4));
fprintf('成绩不及格：%3d\n',num(5));
```

【例 6.29】　编写函数文件，将百分制成绩转换为五进制的成绩。

```
function f=trangrade(x)
switch fix(x/10)
    case {10 9}
        f='A';
    case 8
        f='B';
    case 7
        f='C';
    case 6
        f='D';
    otherwise
        f='E';
```

```
end
运行结果：
>> trangrade(97)
ans =
A
>> trangrade(67)
ans =
D
>> trangrade(55)
ans =
E
```

【例 6.30】　某商场对顾客所购买的商品实行打折销售，标准如下（商品价格用 price 来表示）：

price<1000	没有折扣
1000≤price<2000	3%折扣
2000≤price<3000	5%折扣
3000≤price	8%折扣

输入所售商品的价格，求其实际销售价格（使用 switch 结构编程）。

程序如下：

```
price=input('商品价格为：');
fprintf('\n');
switch fix(price/1000)
    case 0
        ;
    case 1
        price=price*0.97;
    case 2
        price=price*0.95;
    otherwise
        price=price*0.92;
end
fprintf('实际销售价格为%d\n',price);
```

【例 6.31】 若一个三位整数各位数字的立方和等于该数本身，则称该数为水仙花数。请输出全部水仙花数。

程序如下：

```
result=0;
k=1;
for i=100:999
    num1=fix(i/100);
    num2=fix(mod(i,100)/10);
    num3=mod(i,10);
    if num1^3+num2^3+num3^3==i
        result(k)=i;
        k=k+1;
    end
end
result
```

第 **2** 部分 应用篇

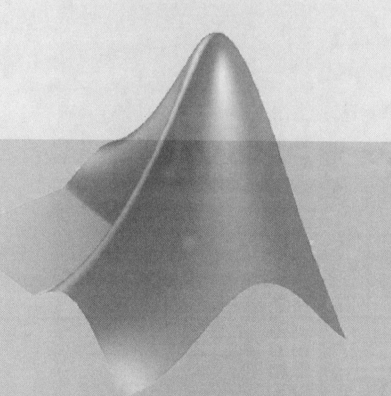

MATLAB在电气工程中的综合应用
MATLAB ZAI DIANQI GONGCHENG ZHONG DE ZONGHE YINGYONG

第7章 MATLAB 的仿真环境 Simulink

本章对 Simulink 的仿真环境进行介绍，主要包括 Simulink 的概述、基本界面操作、功能模块及其操作、仿真环境的设置、子系统及其封装技术。并用 Simulink 建立系统模型示例。其次介绍 Simulink 的高级应用——S 函数，最后进行应用举例。

7.1 Simulink 概述

➤ 在 Simulink 帮助文档中，将其概括为 Tool for Model-Based Design，Tool for Simulation，Tool for Analysis。

➤ Simulink 是对动态系统进行建模、仿真和综合分析的图形化软件。它可以处理线性和非线性系统，离散、连续和混合系统，也可以处理单任务和多任务系统，并支持具有多种采样频率的系统。

➤ Simulink 的图形化仿真方式，使其具有直观形象、简单方便与灵活的优点。比如由 Simulink 创建的控制系统动态方框图模型，是系统最基本的直觉图形化形式，非常直观，容易理解。并且可以在仿真进行的同时，就看到仿真结果。这样可以大大简化设计流程，减轻设计负担和降低设计成本，提高工作效率。

➤ Simulink 内置有各种分析工具，如多种仿真算法、系统线性化、寻找平衡点等，都是非常先进而实用的。

➤ Simulink 仿真的结果能够以变量的形式保存到 MATLAB 的工作空间，供进一步的分析、处理使用。它还可以将 MATLAB 工作空间中的数据导入到模型中。

更为优秀的是，Simulink 具有开放的体系结构，允许用户自己开发各种功能的模块，无限制地添加到 Simulink 中，以满足不同任务的要求。

7.2 Simulink /Power System 工具箱及操作

Simulink 工具箱的功能是在 MATLAB 环境下，把一系列模块连接起来构成复杂的系统模型，它是 Mathworks 公司于 1990 年推出的产品；电力系统仿真工具箱(Power System Blockset)是在 Simulink 环境下使用的仿真工具箱，可用于电路、电力电子系统、电力传输等领域的仿真，它提供了一种类似电路搭建的方法用于系统的建模。

本节首先讲述 Simulink/Power System 工具箱所包含的模块和 Simulink/Power System 的模型窗口；其次介绍 Simulink/Power System 模块的基本操作、搭建 Simulink/Power System 系统模型的方法，及系统的仿真技术（以 MATLAB6.1 版本为基础）。最后，重点介绍典型电力电子器件及常用典型环节的仿真模型及仿真实例，并对典型的电力电子变换器进行建模与仿真。

7.2.1 Simulink 工具箱简介

在 MATLAB 命令窗口中键入【Simulink】命令，或单击 MATLAB 工具栏中的 Simulink 图标，则可打开 Simulink 工具箱窗口，如图 7-1 所示。

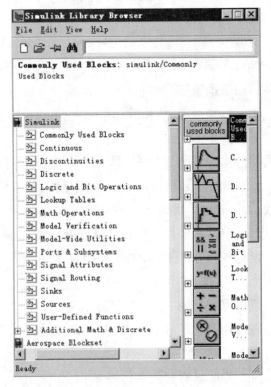

图 7-1 Simulink 模型库界面

在图 7-1 所示的界面左侧可以看到，整个 Simulink 工具箱是由若干个模块组构成，故该界面又称为工具箱浏览器。可以看出，在标准的 Simulink 工具箱中，包含连续模块组（Continuous）、离散模块组（Discrete）、函数与表模块组（Function & Tables）、数学运算模块组（Math）、非线性模块组（Nonlinear）、信号与系统模块组（Signals & Systems）、输出模块组（Sinks）、信号源模块组（Sources）和子系统模块组（Subsystems）等。下面对常用的模块组和模块进行概述。

7.2.2　电力系统(**Power System**) 工具箱简介

在 MATLAB 命令窗口中键入【powerlib】命令,则将得到如图 7-2 所示的工具箱。当然,电力系统工具箱还可以从 Simulink 模块浏览窗口中直接启动。

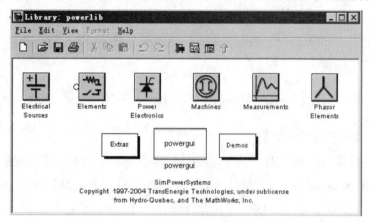

图 7-2　电力系统工具箱界面

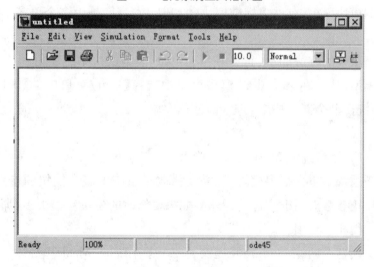

图 7-3　Simulink 和 Power System 的模型窗口

在该工具箱中有很多模块组,主要有电源(Electrical sources)、元件(Elements)、电力电子(Power Electronics)、电机系统(Machines)、连接器(Connectors)、测量(Measurements)、附加(Extra)、演示(Demos)等模块组。双击每一个图标都可以打开一个模块组,下面简要介绍各模块组的内容。

7.2.3　Simulink 和 Power System 的模型窗口

当按下【File】文件菜单中的【New】按钮时,会弹出 Untitled 新建模型窗口(见图 7-3)。当建立的模型文件命名后,标题 "Untitled" 改变为文件的名称。

MATLAB 规定模型文件(动态结构图模型的文件)扩展名(称为后缀)为". mdl"。文件命名时,不需要写入扩展名,MATLAB 会自动添加上去。

Simulink 和 Power System 的模型窗口是相同的。

窗口的第二行是模型窗口的主菜单,第三行是工具栏,最下方是状态栏。在工具栏与状态栏之间的大窗口是建立模型(画图)、修改模型及仿真的操作平台。Power System/Simulink 模型窗口主菜单与工具栏是 Power System/Simulink 仿真操作的重要内容。

7.2.4 Simulink /Power System 子系统的建立

7.2.4.1 子系统的建立

为了实现系统的模块化管理,通常需要将功能相关的模块组合在一起,这时就需要使用"Subsystem"子系统技术,即对多个标准基本模块采用 Simulink 的封装技术,将其集成在一起,形成新的功能模块(子系统)。经封装后的子系统,可以有特定的图标与参数设置对话框,构成为一个独立的功能模块。事实上,在 Simulink 的模块库里,有许多标准模块(如 PID)本身就是由多个更基本的标准功能模块封装而成的。

建立子系统的方法如下:首先在"untitled"模型窗口中编辑好一个需要封装的子系统模型,然后在"untitled"模型窗口中选择【Edit】菜单中的【Select all】命令,将子系统模型全部选中,再选择【Edit】菜单中的【Create system】命令即可建立子系统。

7.2.4.2 子系统的 Mask(封装)技术

由于子系统中包含很多模块,当需要修改子系统内多个模块的参数时,就要逐个打开模块参数对话框来进行操作。如果要修改的模块参数很多,那么修改的工作就会变得相当繁琐。

为了解决这个问题,Simulink 提供了一个子系统的"Mask"(封装)功能,可以为"Subsystem"定制一个对话框,将子系统内众多的模块参数对话框集成为一个完整的对话框。封装子系统模块并定制对话框,能够方便用户使用及提高仿真效率。任何一个"Subsystem"子系统模块都可以进行"Mask"(封装)。

7.2.5 Simulink /Power System 系统的仿真

在 Simulink 环境下,编辑模型的一般过程是:首先打开一个空白的编辑窗口,然后将模块库中需要的模块复制到编辑窗口中,并依照给定的框图修改编辑窗口中的模块参数,再将各个模块按照给定的框图连接起来,完成上述工作后就可以对整个模型进行仿真。

　　启动仿真过程最简单的方法是：按下 Simulink 工具栏下的"启动仿真"按钮，启动仿真过程后，系统将以默认参数为基础进行仿真，除此以外，用户还可以自己设置需要的仿真参数。仿真参数的设置可以由"Simulation/Simulation parameters..."菜单项来选择。选择了该菜单项后，将得到如图 7-4 所示的对话框，它是变步长下的 Solver 标签页；固定步长下的 Solver 标签页如图 7-5 所示。用户可以从中填写相应的数据，修改仿真参数。

　　在图 7-4 和图 7-5 的对话框中有 5 个标签，默认的标签为微分方程求解程序 Solver 的设置，在该标签下的对话框主要接受微分方程求解的算法及仿真控制参数设置。

图 7-4　Solver 变步长仿真参数设置框图

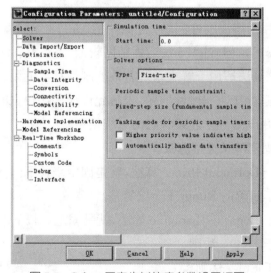

图 7-5　Solver 固定步长仿真参数设置框图

7. 2. 5. 1　仿真算法介绍

Simulink 仿真必然涉及微分方程组的数值求解,由于控制系统的多样性,没有哪一种仿真算法是万能的。为此,用户须针对不同类型的仿真模型,按照各种算法的不同特点、仿真性能与适应范围,正确选择算法,并确定适当的仿真参数,以得到最佳的仿真结果。

在介绍数值积分算法之前,首先解释一下刚性(Stiff)系统及其解算问题。一个用常微分方程组描述模型的系统,如果方程组的 Jacobian 矩阵的特征值悬殊,则此微分方程组叫作刚性方程组,该系统则称为刚性系统,对于运算稳定性要求不高的算法才能用来解算刚性问题。

(1) Variable-step 可变步长类型算法。

这类仿真算法可以让程序修正每次仿真计算的步长大小。属于 Variable-step 的仿真算法有:ode45,ode23,ode113,ode15s,ode23s,ode23t,ode23tb 及 discrete。现将各种算法介绍如下:

① "ode45":这种算法特别适用于仿真线性化程度高的系统。由于 ode45 算法计算快,一般来说在第一次仿真时,首先采用 ode45 算法,因此在仿真软件中把 ode45 作为默认的算法。

②"ode23":它用于解决非刚性问题,在允许误差方面及使用在 stiffness mode(稍带刚性)问题方面,比 ode45 效率高。

③"ode23s":在允许误差比较大的条件下,ode23s 比 ode15s 更有效。所以在使用 ode15s 处理效果比较差的情况下,宜选用 ode23s 来解决问题。

④"ode113":用于解决非刚性问题,在允许误差要求严格的情况下,比 ode45 算法更有效。

⑤ "ode15s":用于解决刚性问题,当 ode45,ode113 无法解决问题时,可以尝试采用 ode15s 去求解。但 ode15s 法运算精度较低。

⑥"ode23t":该算法适用于解决系统有适度刚性且数值无衰减的问题。

⑦"ode23tb":适合于求解刚性问题,求解允许误差比较宽的问题的效果好。

⑧"discrete":用于处理非连续状态的系统模型。

(2) Fix-step 固定步长类型算法。

①"ode5":属于 Dormand Prince 算法,就是固定步长下的 ode45 算法。

②"ode4":属于四阶的 Runge-Kutta 算法。

③"ode3":属于 Bogacki-Shampine 算法,就是固定步长下的 ode23 算法。

④"ode2":属于 Heuns 法则。

⑤"ode1":属于 Euler 法则。

⑥"discrete(fixed-step)":不含积分运算的固定步长方法,适用于求解非连

续状态的系统模型问题。

所谓仿真算法选择,就是针对不同类型的仿真模型,根据各种算法的特点、仿真性能与适应范围,正确选择算法,以得到最佳的仿真结果。

7.2.5.2　解算器(Solver)标签页的参数设置

对解算器(Solver)标签页的参数进行设置是仿真工作必需的步骤,如何设定参数,要根据具体问题的要求而定。最基本的参数设定包括仿真的起始时间与终止时间、仿真的步长大小与解算问题的算法等。解算器(Solver)标签页参数设定窗口中选项的意义如下:

①"Simulation time"栏用于设置仿真时间,在"Start time"与"Stop time"旁的编辑框内分别输入仿真的起始时间与停止时间,其单位是"秒"。

②"Solver options"栏为选择算法的操作,包括许多选项。"type"栏的下拉式选择框中可选择变步长(Variable-step)算法(界面见图 7-4)或者固定步长(Fixed-step)算法(界面见图 7-5)。

在变步长情况下,连续系统仿真可选择的算法有 ode45,ode15s,ode23,ode113,ode23s,ode23t,ode23tb 等。离散系统一般默认地选择固定步长的 discrete(no continous states)算法。一般系统设定 ode45 为默认算法。

"Max step size"栏用于设定解算器运算步长的时间上限,"Min step Size"栏用于设定解算器运算步长的时间下限,"Initial step size"栏为设定的解算器第一步运算的时间,一般默认值为"auto"。相对误差"Relative tolerance"栏的默认值为 1e-3,绝对误差"Absolute tolerance"栏的默认值为"auto"。

在固定步长情况下(界面见图 7-5),连续系统仿真可选择的算法有 ode1,ode2,ode3,ode4,ode5,discrete 几种。一般 ode4 为默认算法,它等效于 ode45。固定步长方式只可以设定"fixed step size",为"自动"。"Mode"栏用于设定选择模型的类型,该栏有 3 个选项:"MultiTasking"(多任务)、"SingleTasking"(单一任务)与"auto"(自动)。"MultiTasking"模型指其中有些模块具有不同的采样速率,并对模块之间采样速率的传递进行检测;"SingleTasking"模型各模块的采样速率相同,不检测采样速率的传递;"auto"则根据模型中模块采样速率是否相同,决定采用前两者中的哪一种。

③"output options"输出选择栏的第①选项为细化输出(Refine Output),其细化系数(Refine Factor)最大值为 4,默认值为 1,数值越大则输出越平滑 。

第②选项为产生附加输出(Produce additional output),允许指定产生输出的附加时间(Output Times)。该选项被选中后,在编辑框"Output times"中可以输入产生输出的附加时间。这种方式可改变仿真步长,以使其与指定的附加时间相一致。

第③选项为只产生特定的输出（Produce additional output Only），只在指定的输出时间内产生仿真输出，这种方式可改变仿真步长，以使其与产生输出的指定时间相一致。

④在标签页的右下部有 4 个按钮，它们的功能分述如下：

【OK】按钮用于参数设置完毕，可将窗口内的参数值应用于系统的仿真，并关闭对话框；

【Cancel】按钮用于立即撤销参数的修改，恢复标签页原来的参数设置，并关闭对话框；

【Help】按钮用于打开并显示该模块使用方法说明的帮助文件；

【Apply】按钮用于修改参数后的确认，即表示将目前窗口改变的参数设定应用于系统的仿真，并保持对话框窗口的开启状态，以便进一步修改。

这种 4 个按钮的组合，在其他许多界面里都有，其功能与此相同。

7.2.5.3　其他

除了前面介绍的两个标签页外，仿真控制参数设定的标签页还有：诊断（Diagnostics）标签页、实时工作空间（Real-Time Workshop）标签页和高级选项（Advanced）标签页。这些内容本教材使用较少，在此不做介绍。

7.3　MATLAB S 函数

S 函数是 System Function 的简称，可以用 MATLAB、C、C＋＋、Fortran、Ada 等语言来写，用 S 函数可以利用 MATLAB 的丰富资源，而不仅仅局限于 Simulink 提供的模块，而用 C 或 C＋＋等语言写的 S 函数还可以实现对硬件端口的操作，还可以操作 Windows API 等。

Simulink 的仿真有两个阶段：

（1）初始化阶段：主要是设置一些参数，像系统的输入输出个数、状态初值、采样时间等；

（2）运行阶段：这个阶段要进行计算输出、更新离散状态、计算连续状态，等等，这个阶段需要反复运行，直至结束。

在 MATLAB 的 workspace 里输入 edit sfuntmpl。

S 函数结构第一行是：

Function [sys,x0,str,ts]＝sfuntmpl(t,x,u,flag)

先讲输入与输出变量的含义：t 是采样时间，x 是状态变量，u 是输入（是做成 simulink 模块的输入），flag 是仿真过程中的状态标志（用它来判断当前是初始化还是运行等)；sys 输出根据 flag 的不同而不同(下面将结合 flag 来讲 sys 的含义)，x0 是状态变量的初始值，str 是保留参数(一般在初始化中将它置为空，即 str =[ ])，ts 是一个 1×2 的向量，ts(1) 是采样周期，ts(2) 是偏移量。

下面结合 sfuntmpl. m 中的代码来讲具体的结构：

switch flag, ％判断 flag，看当前处于哪个状态

case 0,

[sys,x0,str,ts]＝mdlInitializeSizes；

flag＝0 表示处于初始化状态，此时用函数 mdlInitializeSizes 进行初始化，此函数在 sfuntmpl. m 的 149 行。

在初始化状态下，sys 是一个结构体，用它来设置模块的一些参数，各个参数详细说明如下：

size ＝ simsizes；％用于设置模块参数的结构体用 simsizes 来生成。

sizes. NumContStates ＝ 0；％模块连续状态变量的个数

sizes. NumDiscStates ＝ 0；％模块离散状态变量的个数

sizes. NumOutputs ＝ 0；％模块输出变量的个数

sizes. NumInputs ＝ 0；％模块输入变量的个数

sizes. DirFeedthrough ＝ 1；％模块是否存在直接贯通

sizes. NumSampleTimes ＝ 1；％模块的采样时间个数，至少是一个

sys ＝ simsizes(sizes)；％设置完后赋给 sys 输出

举个例子，考虑如下模型：

dx/dt＝fc(t,x,u)也可以用连续状态方程 dx/dt＝A＊x＋B＊u 描述。

x(k＋1)＝fd(t,x,u)也可以用离散状态方程 x(k＋1)＝H＊x(k)＋G＊u(k) 描述。

y＝fo(t,x,u)也可以用输出状态方程 y＝C＊x＋D＊u 描述。

设上述模型连续状态变量、离散状态变量、输入变量、输出变量均为 1 个，只需将上面那一段代码改为：

备注：一般连续状态与离散状态不会一块用，为了方便说明。

sizes. NumContStates＝1；sizes. NumDiscStates＝1；sizes. NumOutputs＝1；sizes. NumInpu ts＝1；

其他的可以不变。继续在 mdlInitializeSizes 函数中往下看：

x0 ＝ [ ]；％状态变量设置为空，表示没有状态变量，以我们上面的假设，可改％为 x0＝[0,0](离散和连续的状态变量我们都设它初值为 0)

str ＝ [ ]；％保留参数，置[ ]就可以。

ts ＝[0 0]；％采样周期设为 0 表示是连续系统，如果是离散系统在下面的

mdlGet% TimeOfNextVarHit 函数中具体介绍。

在 sfuntmpl 的 106 行继续往下看：

case 1，

sys＝mdlDerivatives(t,x,u)；

flag＝1 表示此时要计算连续状态的微分，即上面提到的 dx/dt＝fc(t,x,u)中的 dx/dt，找到 mdlDerivatives 函数(在 193 行)如果设置连续状态变量个数为 0，此处只需 sys＝[]，按上述讨论的模型，此处改成 sys＝fc(t,x(1),u)或 sys＝A＊x(1)＋B＊u %。x(1)是连续状态变量，而 x(2)是离散的，这里只用到连续的，此时的输出 sys 就是微分继续，在 sfuntmpl 的 112 行：

case 2，

sys＝mdlUpdate(t,x,u)；

flag＝2 表示此时要计算下一个离散状态，即上面提到的 x(k+1)＝fd(t,x,u)，找到 mdlUpd ate 函数(在 206 行)sys＝[]；表示没有离散状态，可以改成 sys＝fd(t,x(2),u)或 sys＝ H＊x(2)＋G＊u；%sys 即为 x(k+1)。

在 sfuntmpl 的 118 行：

case 3，

sys＝mdlOutputs(t,x,u)；

flag＝3 表示此时要计算输出，即 y＝fo(t,x,u)，找到 mdlOutputs 函数(在 218 行)，如上，如果 sys＝[]表示没有输出，可改成 sys＝fo(t,x,u)或 sys＝C＊x＋D＊u %sys 此时为输出 y，在 sfuntmpl 的 124 行：

case 4，

sys＝mdlGetTimeOfNextVarHit(t,x,u)；

flag＝4 表示此时要计算下一次采样的时间，只在离散采样系统中有用(即上文的 mdlInit ializeSizes 中提到的 ts 设置 ts(1)不为 0)

连续系统中只需在 mdlGetTimeOfNextVarHit 函数中写上 sys＝[]；这个函数主要用于变步长的设置，具体实现可以用 edit vsfunc 看 vsfunc. m 这个例子。

最后一个，在 sfuntmpl 的 130 行：

case 9，

sys＝mdlTerminate(t,x,u)；

flag＝9 表示此时系统要结束，一般来说写上在 mdlTerminate 函数中写上 sys＝[]就可，如果在结束时还要设置什么，就在此函数中写。

S 函数还可以带用户参数，下面这个例子，和 simulink 下的 gain 模块功能一样，

```
function [sys,x0,str,ts] = sfungain(t,x,u,flag,gain)
switch flag,                        sys = simsizes(sizes);
case 0,                             x0=[];
sizes = simsizes;                   str=[];
sizes. NumContStates = 0;           ts=[0,0];
sizes. NumDiscStates = 0;           case 3,
sizes. NumOutputs = 1;              sys=gain * u;
sizes. NumInputs = 1;               case {1,2,4,9},
sizes. DirFeedthrough = 1;          sys = [];
sizes. NumSampleTimes = 1;          end
```

做好了 S 函数后,simulink—user—defined function 下拖一个 S-Function 到模型,就可以使用。在 simulink—user—defined function 还有个 S-Function Builder,可以生成用 C 语言写的 S 函数在 MATLAB 的 workspace 下打 sfundemos,可以看到很多演示 S 函数的程序。

7.4　应用举例

【例 7.1】　调用 MATLAB 工作空间中的信号矩阵作为模型输入。本例所需的输入为

$$u(t) = \begin{cases} t^2, & 0 \leqslant t < T, \\ (2T-t)^2, & T \leqslant t < 2T, \\ 0, & 其他。 \end{cases}$$

(1)编写一个产生信号矩阵的 M 函数文件。

```
function TU=source82_1(T0,N0,K)
t=linspace(0,K * T0,K * N0+1);
N=length(t);
u1=t(1:(N0+1)).^2;
u2=(t((N0+2):(2 * N0+1))−2 * T0).^2;
u3(1:(N−(2 * N0+2)+1))=0;
u=[u1,u2,u3];
TU=[t′,u′];
```

(2)构造简单的接收信号用的实验模型如图 7-6 及图 7-7 所示。

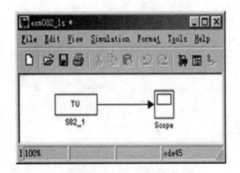

图 7-6　实验模型

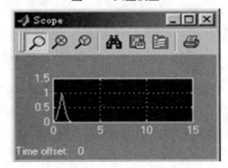

图 7-7　示波器实验图

（3）模块的参数设置。

双击图 7-6 中的 S82_1，在对话框中的 Data 中填写 TU。

（4）在指令窗中，运行以下指令，在 MATLAB 工作空间中产生 TU 信号矩阵。

TU＝source82_1(1,100,4);

（5）选中模型窗菜单【Simulation:Start】，示波器呈现图 7-7 所示信号。

第8章　MATLAB 在电子电路中的应用

电子电路课程是电气工程专业人员必须掌握的一门重要课程,它不仅包含了深厚的理论基础,也为具体电路的分析和计算提供了各种方法。在学习中可以利用 MATLAB 进行编程或建模对电子电路进行分析计算,不仅可以方便地调试电路元件参数,还可以直观地观察电流、电压及功率等波形,可视化效果好。

本章重点分析了 MATLAB 在电阻电路,动态电路,滤波电路及端口网络等方面的具体应用,可供读者在从事相关领域的学习及研究时参考,为读者提供一些有益的帮助。

【例 8.1】　电阻电路如图 8-1 所示,已知:$R_1 = 2\,\Omega$,$R_2 = 4\,\Omega$,$R_3 = 12\,\Omega$,$R_4 = 4\,\Omega$,$R_5 = 12\,\Omega$,$R_6 = 4\,\Omega$,$R_7 = 2\,\Omega$。求各支路的电流和电压。

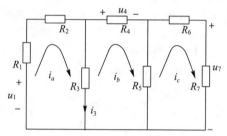

图 8-1　电阻电路图

解:(1)分析及建模。

用基尔霍夫定理列方程组

$$\begin{cases} (R_1 + R_2 + R_3)i_a - R_3 i_b = u_s \\ -R_3 i_a + (R_3 + R_4 + R_5)i_b - R_5 i_c = 0 \\ -R_5 i_b + (R_5 + R_6 + R_7)i_c = 0 \end{cases}$$

把方程组写成矩阵形式为

$$\begin{bmatrix} R_1 + R_2 + R_3 & -R_3 & 0 \\ -R_3 & R_3 + R_4 + R_5 & -R_5 \\ 0 & -R_5 & R_5 + R_6 + R_7 \end{bmatrix} \begin{bmatrix} i_a \\ i_b \\ i_c \end{bmatrix} = \begin{bmatrix} 1 \\ 0 \\ 0 \end{bmatrix} u_s$$

直接列数字方程,简写为 $AI = B_{\mu s}$

$$\begin{bmatrix} 2+4+12 & -12 & 0 \\ -12 & 12+4+12 & -12 \\ 0 & -12 & 12+4+2 \end{bmatrix} \begin{bmatrix} i_a \\ i_b \\ i_c \end{bmatrix} = \begin{bmatrix} 1 \\ 0 \\ 0 \end{bmatrix} u_s$$

①令 $u_s = 10\mathrm{V}$,由 $i_3 = i_a - i_b$,$u_4 = R_4 i_b$,$u_7 = R_7 i_c$,即可得到解。

②由电路的线性性质,可令 $i_3 = k_1 u_s$,$u_4 = k_2 u_s$,$u_7 = k_3 u_s$。

根据①的结果并根据如图 8-1 所示的电路可列出下式

$$k_1 = \frac{i_3}{u_s}, \ k_2 = \frac{u_4}{u_s}, \ k_3 = \frac{u_7}{u_s}。$$

于是,可以通过下列式子求得:

$$u_s = u_4/k_2, \ i_3 = k_1 u_s = \frac{k_1}{k_2}u_4, \ u_7 = k_3 u_s = \frac{k_3}{k_2}u_4$$

说明:

➤ 关键问题是:正确的列出三个网孔方程,然后以这三个方程为中心求解。

➤ 将三个方程的系数写成矩阵形式,利用《线性代数》中所学的矩阵的知识来求解,其实是为了方便后面利用 MATLAB 软件来进行计算。

➤ 将运用 MATLAB 计算出来的结果和理论分析计算出来的结果进行比较,理论上二者应该是相同的。

(2)MATLAB 程序如下:

```
clear,format compact
R1=2;R2=4;R3=12;R4=4;R5=12;R6=4;R7=2;        %为给定元件赋值
a11=R1+R2+R3;a12=-R3;a13=0;                  %将系数矩阵各元素赋值
a21=-R3;a22=R3+R4+R5; a23=-R5;
a31=0;a32=-R5;a33=R5+R6+R7;
b1=1;b2=0;b3=0;
us=input('us=');                             % 输入解(1)的已知条件
A=[a11,a12,a13;a21,a22,a23;a31,a32,a33]      %列出系数矩阵 A
B=[b1;0;0]; I=A\B*us;                        % I=[ia;ib;ic]
ia=I(1);ib=I(2);ic=I(3);  i3=ia-ib,u4=R4*ib,u7=R7*ic   % 解出所需变量
u42=input('给定 u42= ');     % 利用电路的线性性质
k1=i3/us;k2=u4/us;k3=u7/us; % 由上面得出待求量与 us 的比例系数
us2=u42/k2,i32=k1/k2*u42,u72=k3/k2*u42    %按比例方法求出所需变量
```

(3)调试及运行。

给定 $u_s = 10$

A =

18	-12	0
-12	28	-12
0	-12	18

i3 =

   0.3704

u4 =

   2.2222

u7 =

     0.7407

给定 u42= 6

us2 =

   27.0000

i32 =

    1.0000

u7 =

    2

答案

(1)i3 =0.3704A,u4 =2.2222V,u7 = 0.7407V

(2)us2 =27.0000V,i32 = 1.0000A,u7 = 2V。

（4）数据分析。

①运行结果与实际情况是否吻合；

②算法中参数对于结果的影响情况；

③算法与其他算法的性能比较；

④Simulink 电路模型。

打开 MATLAB 软件，在 Simulink 中构建的电路图如图 8-2 所示：

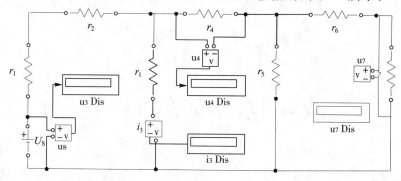

图 8-2　例 8.1　Simulink 电路模型

可以修改元器件的参数值。本题的仿真中，将 Us 的大小改为 10 V，单击"开始仿真"按钮，可得到其仿真结果。

U4＝2.222 V，i3＝0.374 A，U7＝0.7407 V。

将 U4 的大小改为 6 V，单击"开始仿真"按钮，元件显示的仿真结果为：Us＝27 V，i3＝1 A，U7＝2 V。

【例 8.2】 暂态电路，试列出图 8-3 所示的一阶微分方程。

解：可列出一阶微分方程：

$$RC \frac{\mathrm{d}u_c}{\mathrm{d}t} + u_c = u_i$$

将微分方程进行拉氏变换，得出系统传递函数为：

$$G(s) = \frac{1}{RCs + 1}$$

若设定 $R = 3\ \Omega$，$C = 0.2$ F，代入得：

$$G(s) = \frac{10}{6s + 10}$$

利用 Simulink 建立一阶 RC 电路的仿真模型如图 8-4 所示：

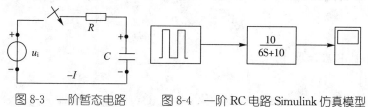

图 8-3　一阶暂态电路　　　图 8-4　一阶 RC 电路 Simulink 仿真模型

图 8-4 是一阶 RC 电路输入信号为单位脉冲信号时的仿真模型,利用 Simulink 中的"to workspace"模块将上述仿真结果输出到 MATLAB 工作区间中,并在 MATLAB 命令窗口引用 plot 命令,其输出波形如图 8-5 所示。

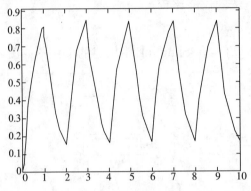

图 8-5　单位阶跃输入情况下,输出的波形

从仿真波形可以清晰地看到一阶电路在阶跃信号激励下电容电压是以指数规律进行充电,通过改变电阻 R 的阻值,可以进一步分析电容的阻值大小与电容充放电快慢之间的关系,即电容充放电的快慢取决于时间常数 $\tau = RC$,阻值越大,充电越慢。

【例 8.3】　对于如图 8-6 所示的选频网络,$\omega = 1000$ rad/s,改变电感 L,使得 $\cos \varphi = 1$。试确定功率因数最大时的 R、L 值。

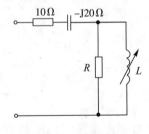

图 8-6　选频网络

解:(1)分析此选频电路。总阻抗

$$Z = 10 + \frac{R(\omega L)^2}{R^2 + (\omega L)^2} + j\left[\frac{R^2(\omega L)}{R^2 + (\omega L)^2} - 20\right]$$

当 Z 虚部为零时,$\cos \varphi = 1$
因此,求解问题转化为:

$$\min f(R, L) = \frac{R^2(\omega L)}{R^2 + (\omega L)^2} - 20$$

(2)Matlab 程序如下:

```
[X,Fval]=
fminsearch('abs(1000 * x(2) * x(1)^2/(x(1)^2+(1000 * x(2))^2)-20)',[10,0.2])
```

(3)运行结果为

X =

　40.0000　　0.0400

Faval =

　7.5276e－007

即 $R=40\ \Omega,L=0.04$ H,此时阻抗 Z 虚部近似等于零,$\cos\varphi=1$ 。

【例 8.4】　某周期性矩形脉冲电流 $i(t)$ 如图 8-7 所示。其中脉冲幅值 $I_p=\dfrac{\pi}{2}$ mA,周期 $T=6.28$,脉冲宽度 $\tau=\dfrac{T}{2}$,求 $i(t)$ 的有效值。

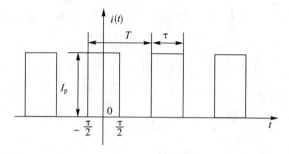

图 8-7　脉冲电流

解:根据有效值的定义

$$I=\sqrt{\frac{\int_0^T i^2(t)\,\mathrm{d}t}{T}}=\sqrt{\frac{\int_0^{T/2}\left(\dfrac{\pi}{2}\right)^2\mathrm{d}t}{T}}$$

Matlab 程序如下:

```
clear;
T=6.28;
t=(0:1e-3:T/2;);%1e-3 为计算步长;
it=zeros(1,length(t));%开设电流向量空间;
it(:)=pi/2;%电流向量幅值;
I=sqrt(trapz(t,it.^2)/T) %求电流均方根
```

运行结果为

I=1.1107(mA)

【例 8.5】　日光灯启动电路如图 8-8 所示,在正常发光时启动器断开,日光灯等效为电阻,在日光灯电路两端并联电容,可以提高功率因数。已知日光灯等效电阻 R＝250 Ω,镇流器线圈电阻 r＝10 Ω,镇流器电感 L＝1.5 H,C＝5 μF。作出电路等效模型,画出日光灯支路、电容支路电流和总电流,镇流器电压、灯管电压和电源电压相量图及相应的电压电流波形。

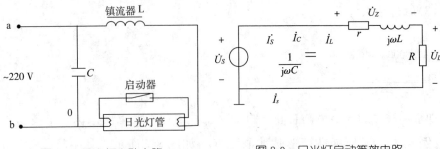

图 8-8　日光灯启动电路　　　　图 8-9　日光灯启动等效电路

解：分析此日光灯启动电路，其等效电路模型如图 8-9 所示。由图 8-9 可得

$$\dot{U}_s = 220 , \quad \dot{I}_C = j\omega C \dot{U}_s = j100\pi \times 5 \times 10^{-6} \times 220 = j0.3456$$

$$\dot{I}_L = \frac{\dot{U}_s}{R + r + j\omega L} = \frac{220}{250 + 10 + j100 \times \pi \times 1.5} = 0.1975 - j0.3579$$

$$\dot{I}_s = \dot{I}_C + \dot{I}_L = 0.1975 - j0.0123$$

$$\dot{U}_z = \dot{I}_L(r + j\omega L) = 170.63 + j89.491$$

$$\dot{U}_D = \dot{U}_s - \dot{U}_z = 49.37 - j89.491$$

Matlab 程序如下

```
Us=220;Uz=170.63+89.491j;Ud=49.37       us=220*sin(w*t);
-89.491j;                               uz=abs(Uz)*sin(w*t+angle(Uz));
Ic=0.3456j;IL=0.1975-0.3579j;Is=0.      ud=abs(Ud)*sin(w*t+angle(Ud));
1975-0.0123j;                           ic=abs(Ic)*sin(w*t+angle(Ic));
subplot(2,2,1);                         iL=abs(IL)*sin(w*t+angle(IL));
compass([Us,Uz,Ud]);                    is=abs(Is)*sin(w*t+angle(Is));
subplot(2,2,2);                         subplot(2,2,3);
compass([Ic,IL,Is]);                    plot(t,us,t,uz,t,ud)
t=0:1e-3:0.1;                           subplot(2,2,4);
w=2*pi*50;                              plot(t,is,t,ic,t,iL)
```

运行结果分别为图 8-10(a)、(b)、(c)、(d)所示。

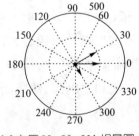

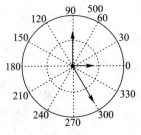

(a)电压 Us，Uz，Ud 相量图　　　(b)电流 Ic，IL，Is 相量图

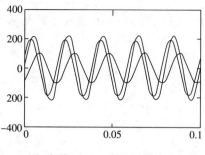

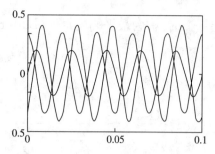

(c) 电压 Us, Uz, Ud 时域响应　　　　(d) 电流 Ic, IL, Is 时域响应

图 8-10　仿真结果

【例 8.6】　某滤波电路如图 8-11 所示,其中,$R_1 = 40\ \Omega$, $R_2 = 60\ \Omega$, $C_1 = 1\ \mu F$, $L_1 = 0.1\ \mathrm{mH}$, $u_s(t) = 40\cos 10^4 t\ \mathrm{V}$,求电压源的平均功率、无功功率和视在功率。

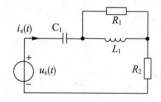

图 8-11　滤波电路

解:采用相量法的求解步骤:

$$Z = Z_c + R_2 + \frac{R_1 Z_{L1}}{R_1 + Z_{L1}}\ ,\ Z_{L1} = \mathrm{j}\omega L_1\ ,\ \dot{I}_s = \dot{U}_s / Z$$

$$\dot{S} = \dot{U}_s \dot{I}^* = P + \mathrm{j}Q$$

MATLAB 程序如下:

```
Us=40; wo=1e4; R1=40; R2=60;
C=1e-6;  L=0.1e-3;
ZC=1/(j * wo * C); %C1 容抗
ZL=j * wo * L;    %L1 感抗
ZP= R1 * ZL/(R1+ZL); % R1,L1 并联
阻抗
ZT=ZC+ZP+R2;
Is=Us/ZT;
```

```
Sg=0.5 * Us * conj(Is);   %复功率
AvePower=real(Sg)    %平均功率
Reactive=imag(Sg)    %无功功率
ApparentPower=0.5 * Us * abs(Is) %视在
功率
```

运行结果为:

AvePower = 3.5825; Reactive =−5.9087;

ApparentPower = 6.9099

【例 8.7】　二阶低通电路如图 8-12 所示,二阶低通函数的典型形式为:

$$H(\mathrm{j}\omega) = \frac{\dot{U}_2}{\dot{U}_1} = H_0 \frac{\omega_n^2}{s^2 + \dfrac{\omega_n}{Q}s + \omega_n^2}$$

式中,$s = \mathrm{j}\omega$。令 $H_0 = 1$,画出 $Q = \dfrac{1}{3}$, $\dfrac{1}{2}$, $\dfrac{1}{\sqrt{2}}$, 1, 2, 5 的幅频相频响应。

当 $Q = \dfrac{1}{\sqrt{2}}$ 时,称为最平幅度特性(Butterworth 特性),即在通带内其幅频特性最平坦。

分析:建模,令 $s = j\omega$, $H_0 = 1$,上式可简化为

$$H(j\omega) = \frac{\dot{U}_2}{\dot{U}_1} = \frac{1}{1 - \left(\dfrac{\omega}{\omega_n}\right)^2 + j\,\dfrac{1}{Q}\dfrac{\omega}{\omega_n}}$$

幅频响应若用增益表示为 $G = 20\log|H(j\omega)|$,相频特性 $\theta(\omega) = \angle H(j\omega)$,横坐标用对数无量纲频率,取 $\omega_w = \dfrac{\omega}{\omega_n} = 0.1, 0.2, \cdots, 10$,令 $Q = \dfrac{1}{3}$, $\dfrac{1}{2}$, $\dfrac{1}{\sqrt{2}}$, 1, 2, 5 画图。

MATLAB 程序如下:

```
clc;
clear all;
close all;
%format compact
for Q=[1/3,1/2,1/sqrt(2),1,2,5]
w=logspace(-1,1,50); %设定频率数组 w
H=1./(1+j*w/Q+(j*w).^2); %求复频率响应
figure(1)
subplot(2,1,1),plot(w,abs(H)),
hold on% 绘制幅频特性
subplot(2,1,2),plot(w,angle(H)),
hold on %绘制相频特性
figure(2)% 绘制对数频率特性
subplot(2,1,1),semilogx(w,20*log10(abs(H))),
hold on %纵坐标为分贝
subplot(2,1,2),semilogx(w,angle(H)),
hold on % 绘制相频特性
end
figure(1)
subplot(2,1,1),
grid,xlabel('w'),ylabel('分贝')
subplot(2,1,2),
grid,xlabel('w'),ylabel('angle(H)')
```

其运行结果如图 8-13 所示。

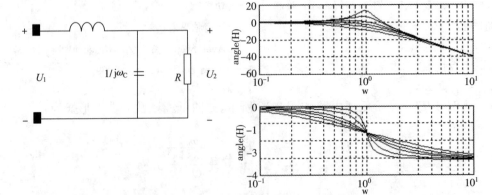

图 8-12   二阶低通电路   图 8-13   低通滤波器幅频和相频对数特性

【例 8.8】 某正弦稳态电路如图 8-14 所示，设 $Z_1 = -\mathrm{j}250\ \Omega$，$Z_2 = 250\ \Omega$，$\dot{I}_s = 2\angle 0°\mathrm{A}$，求负载 Z_L 获得最大功率时的阻抗值及其吸收功率。

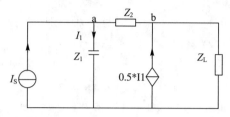

图 8-14 正弦稳态电路

解：(1)由图 8-14 可得下列方程组：

$$\begin{cases} \left(\dfrac{1}{Z_1} + \dfrac{1}{Z_2}\right)\dot{U}_a - \dfrac{1}{Z_2}\dot{U}_b = \dot{I}_s \\[2mm] -\dfrac{1}{Z_2}\dot{U}_a + \dfrac{1}{Z_2}\dot{U}_b = \dot{I}_b + 0.5\dot{I}_1 \\[2mm] \dfrac{1}{Z_1}\dot{U}_a = \dot{I}_1 \end{cases}$$

整理得：

$$\begin{bmatrix} \dfrac{1}{Z_1} + \dfrac{1}{Z_2} & -\dfrac{1}{Z_2} & 0 \\[2mm] -\dfrac{1}{Z_2} & \dfrac{1}{Z_2} & -0.5 \\[2mm] \dfrac{1}{Z_1} & 0 & -1 \end{bmatrix} \begin{bmatrix} \dot{U}_a \\[2mm] \dot{U}_b \\[2mm] \dot{I}_1 \end{bmatrix} = \begin{bmatrix} 1 & 0 \\ 0 & 1 \\ 0 & 0 \end{bmatrix} \begin{bmatrix} \dot{I}_s \\[2mm] \dot{I}_b \end{bmatrix}$$

令 $\dot{I}_b = 0$，$\dot{I}_s = 2\angle 0°\mathrm{A}$ 得开路电压 $\dot{U}_{oc} = \dot{U}_b$；令 $\dot{I}_s = 0$，$\dot{I}_b = 1\angle 0°\mathrm{A}$ 得等效内阻抗：

$$Z_{eq} = \frac{\dot{U}_b}{\dot{I}_b} = \frac{\dot{U}_b}{1}$$

负载获取最大功率，

$$Z_L = Z_{eq}^*$$

(2)MATLAB 程序如下：

```
clear
Z1=-j*250;Z2=250;ki=0.5;Is=2;% 设定元件参数
a11=1/Z1+1/Z2;a12=-1/Z2;a13=0;% 设定系数矩阵 A
a21=-1/Z2;a22=1/Z2;a23=-ki;
a31=1/Z1;a32=0;a33=-1;
A=[a11,a12,a13;a21,a22,a23;a31,a32,a33];
B=[1,0;0,1;0,0];% 设定系数矩阵 B
X0=A\B*[Is;0];
```

```
% X=[Ua;Ub;I1]=A\B*[Is;Ib];          ans =
Uoc=X0(2),                           1.1180e+003
% Uoc 等于 Ib=0,Is=2∠0°时的 Ub        ans =
abs(Uoc),angle(Uoc)*180/pi            -63.4349
X1=A\B*[0;1]; Zeq=X1(2),% Zeq 等于 Is  Zeq =
=0,Ib=1 时的 Ub                         5.0000e+002 -5.0000e+002i
%最大负载功率发生在 ZLpmax=Zeq'时        ZLpmax =
ZLpmax=Zeq',PLmax=(abs(Uoc))^2/4/real  5.0000e+002 +5.0000e+002i
(Zeq)                                 PLmax =
程序运行结果如下:                         625
Uoc = 5.0000e+002 -1.0000e+003i
```

【例 8.9】 已知带通滤波器的系统函数为

$$H(s) = \frac{U_2(s)}{U_1(s)} = \frac{2s}{(s+1)^2 + 100^2}$$

激励电压 $u_1(t) = (1 + \cos t)\cos(100t)$，

求:(1) 输入 $u_1(t)$ 与输出 $u_2(t)$ 的时域响应波形;(2) 带通滤波器的频率。

解: 用傅立叶级数激励信号 $u_1(t)$ 可展开为

$$u_1(t) = \frac{1}{2}\cos(99t) + \cos(100t) + \frac{1}{2}\cos(101t)$$

即各相量为 $\dot{U}_1(99) = \frac{1}{2}\angle 0°$，$\dot{U}_1(100) = 1\angle 0°$，$\dot{U}_1(101) = \frac{1}{2}\angle 0°$

带通滤波器的频率响应

$$H(j\omega) = H(s)\,|_{s=j\omega} = \frac{j2\omega}{(j\omega+1)^2 + 100^2}$$

幅频和相频的响应分别为 abs[$H(j\omega)$]，angle[$H(j\omega)$]，

$$\dot{U}_2(j\omega) = \dot{U}_1(j\omega)H(j\omega) = |U_2(\omega)|e^{j\varphi(\omega)}$$

稳态响应

$u_2(t) = |U_2(99)|\cos(99t + \varphi(99)) + |U_2(100)|\cos(100t + \varphi(100)) + |U_2(101)|\cos(101t + \varphi(101))$

(2)MATLAB 程序如下:

```
clear                               hjww=subs(hjw,w,[99,100,101]);
N=1000;                             hjwwabs=abs(hjww);
t=linspace(0,2*pi,N);              hjwwang=angle(hjww);
syms w                              u1=0.5*cos(99*t)+cos(100*t)+0.5*cos
hjw=(j*2*w)./((j*w+1)^2+100^2)      (101*t);
```

u2＝0.5 * hjwwabs(1) * cos(99 * t＋hjwwang(1))＋

hjwwabs(2) * cos(100 * t＋hjwwang(2))＋0.5 *

hjwwabs(3) * cos(101 * t＋hjwwang(3));

figure(1)

subplot(2,1,1);plot(t,u1,'k');

subplot(2,1,2);plot(t,u2,'k');

w1＝20:0.1:150;

hjww＝subs(hjw,w,w1);

hjwwabs＝abs(hjww);

hjwwang＝angle(hjww);

figure(2)

subplot(2,1,1);plot(w1,hjwwabs,'k');

subplot(2,1,2);plot(w1,hjwwang,'k');

（3）运行结果分别如图 8-15 和 8-16 所示。

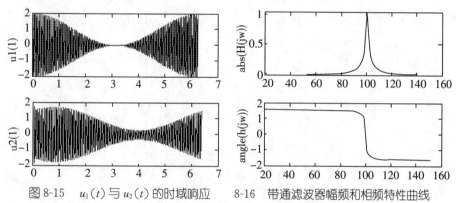

图 8-15　$u_1(t)$ 与 $u_2(t)$ 的时域响应　　8-16　带通滤波器幅频和相频特性曲线

【例 8.10】　某二端口网络如图 8-17 所示,其中, $R = 100\ \Omega$, $L = 0.02\ \text{H}$, $C = 0.01\ \text{F}$,频率 $\omega = 300\ \text{rad/s}$,求其 Y 参数及 H 参数。

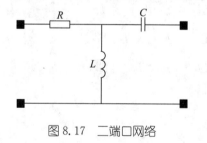

图 8.17　二端口网络

（1）MATLAB 程序如下:

```
clc;

clear all;

format long;

R=100;L=0.02;C=0.01;w=300;

z1=R;z2=j*w*L; z3=1/(j*w*C);

Z(1,1)=z1+z2; Z(1,2)=z2; Z(2,1)=z2;

Z(2,2)=z2+z3;

Y=inv(Z)

H=[det(Z),Z(1,2);-Z(2,1),1]/Z(2,2)
```

（2）运行结果如下:

Y =

   0.00999987543408＋0.00003529367800i　－0.01058810340079 － 0.00003736977671i

－0.01058810340079－0.00003736977671i　0.01121093301260 － 0.17643102023643i

H =

   1.0e＋002　*

1.00000000000000 － 0.00352941176471i　0.01058823529412

－0.01058823529412　　　　　　　　　　0 － 0.00176470588235i

【例 8.11】 阻抗匹配网络如图 8-18 所示,为了使信号源(其内阻 $R_s = 12\,\Omega$)与负载($R_L = 3\,\Omega$)相匹配,在其间插入阻抗匹配网络,如图所示,已知 $Z_1 = -\text{j}6\,\Omega$, $Z_2 = -\text{j}10\,\Omega$, $Z_3 = \text{j}6\,\Omega$ 。若 $U_s = 24\angle 0°$,求负载吸收的功率。

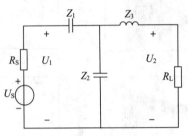

图 8-18　阻抗匹配网络

解: 方法 1:用 Z 方程求解,对于二端口电路有

$$\dot{U}_1 = z_{11}\dot{I}_1 + z_{12}\dot{I}_2 \;,\text{即}\; \dot{U}_1 - z_{11}\dot{I}_1 - z_{12}\dot{I}_2 = 0$$

$$\dot{U}_2 = z_{21}\dot{I}_1 + z_{22}\dot{I}_2 \;,\text{即}\; \dot{U}_2 - z_{21}\dot{I}_1 - z_{22}\dot{I}_2 = 0$$

对电源端有　　　$\dot{U}_s = R_s\dot{I}_1 + \dot{U}_1$ 即 $R_s\dot{I}_1 + \dot{U}_1 = \dot{U}_s$

对负载端有　　　$\dot{U}_2 = -R_2\dot{I}_2$ 　　即 $\dot{U}_2 + R_2\dot{I}_2 = 0$

将以下四式写为矩阵形式为

$$
\begin{bmatrix}
1 & 0 & -z_{11} & -z_{12} \\
0 & 1 & -z_{21} & -z_{22} \\
1 & 0 & R_s & 0 \\
0 & 1 & 0 & R_L
\end{bmatrix}
\begin{bmatrix}
\dot{U}_1 \\
\dot{U}_2 \\
\dot{I}_1 \\
\dot{I}_2
\end{bmatrix}
=
\begin{bmatrix}
0 \\
0 \\
\dot{U}_s \\
0
\end{bmatrix}
$$

其中, $z_{11} = Z_1 + Z_2 = -\text{j}16$, $z_{12} = -\text{j}10$, $z_{22} = Z_2 + Z_3 = -\text{j}4$, $z_{21} = -\text{j}10$

$R_s = 12\,\Omega$, $R_L = 3\,\Omega$, $\dot{U}_s = 24\angle 0°\,\text{V}$ 。

解出 U_2 ,则负载吸引功率为

$$P = \frac{|\dot{U}_2|^2}{R_L}$$

方法 2：应用戴维南定理求解。

令 $\dot{I}_2 = 0$，可得开路电压 $\dot{U}_{oc} = \dot{U}_2 |_{i_2=0}$，当 $\dot{U}_s = 0$ 时，负载端的输出阻抗即为等效内阻抗。

$$Z_{eq} = Z_{out} = \frac{\Delta_Z + z_{22} R_S}{z_{11} + R_S}$$

按戴维南等效电路，得负载吸引功率。

$$P = \left| \frac{\dot{U}_{oc}}{Z_{out} + R_L} \right|^2 R_L$$

MATLAB 程序如下：

```
方法 1
clc;
clear, format
Rs=12；RL=3；
Z1=−6j；Z2=−10j；Z3=6j；Us=24；
%方法 1 用 Z 方程求解
Z(1,1)=Z1+Z2；Z(1,2)=−10j；Z(2,1)=Z
(1,2)；Z(2,2)=Z2+Z3；
%系数矩阵 A 和系数矩阵 B
A=[1,0,−Z(1,1),−Z(1,2)；0,1,−Z(2,1),
−Z(2,2)；1,0,Rs,0；0,1,0,RL]；
B=[0；0；Us；0]；X=A\B　%求方程解
U1=X(1)；U2=X(2)；I1=X(3)；I2=X(4)；
%列出未知数的解
P=abs(U2)^2/RL
```

```
%方法 2 用戴维南定理求解
Uoc=Us＊Z2/(Z2+Rs+Z1)；
Zout=(det(Z)+Z(2,2)＊Rs)/(Z(1,1)+Rs)；
P1=abs(Uoc/(Zout+RL))^2＊RL
程序运行结果
X =
  12.0000
  4.8000 − 3.6000i
  1.0000 − 0.0000i
  −1.6000 + 1.2000i
P =
  12.0000
P1 =
  12.0000
```

【例 8.12】　考虑梯形电阻电路的设计，电路如图 8-19 所示：

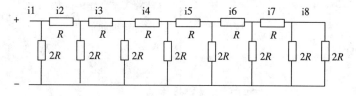

图 8-19　例 8.12 梯形电阻电路

电路中的各个电流{i1,i2,…,i8}须满足下列线性方程组：

$$2i_1 - 2i_2 \qquad\qquad\qquad = V/R$$
$$-2i_1 + 5i_2 - 2i_3 \qquad\qquad = 0$$
$$-2i_2 + 5i_3 - 2i_4 \qquad\qquad = 0$$
$$-2i_3 + 5i_4 - 2i_5 \qquad\qquad = 0$$
$$-2i_4 + 5i_5 - 2i_6 \qquad\quad = 0$$
$$-2i_5 + 5i_6 - 2i_7 \qquad = 0$$
$$-2i_6 + 5i_7 - 2i_8 = 0$$
$$-2i_7 + 5i_8 = 0$$

这是一个三对角方程组。设 $V = 220\ \text{V}, R = 27\ \Omega$,运用追赶法,求各段电路的电流量。

解:MATLAB 程序如下:

```
function chase %追赶法求梯形电路中各段
的电流量
a=input('请输入下主对角线向量 a=');
b=input('请输入主对角线向量 b=');
c=input('请输入上主对角线向量 c=');
d=input('请输入右端向量 d=');
n=input('请输入系数矩阵维数 n=');
u(1)=b(1);
for i=2:n
    l(i)=a(i)/u(i-1);
u(i)=b(i)-c(i-1)*l(i);
end
y(1)=d(1);
for i=2:n
    y(i)=d(i)-l(i)*y(i-1);
end
x(n)=y(n)/u(n);
i=n-1;
while i>0
    x(i)=(y(i)-c(i)*x(i+1))/u(i);
    i=i-1;
end
x
```

输入如下:
```
>> chase
```
请输入下主对角线向量 a=[0,-2,-2,-2,-2,-2,-2,-2];

请输入主对角线向量 b=[2,5,5,5,5,5,5,5];

请输入上主对角线向量 c=[-2,-2,-2,-2,-2,-2,-2,0];

请输入方程组右端向量 d=[220/27,0,0,0,0,0,0,0];

请输入系数矩阵阶数 n=8

运行结果如下:
```
x = 8.1478    4.0737    2.0365    1.0175
0.5073    0.2506    0.1194    0.0477
```

第9章 MATLAB 在自动控制中的应用

自动控制原理是以传递函数为基础,利用时域分析法、频率分析法和根轨迹分析法,对线性定常系统进行分析和设计。涉及控制系统的模型建立、系统分析,以及系统设计的基本理论和相关技术。MATLAB 凭借它在科学计算方面的天然优势,建立了从设计、构思到最终设计要求实现的可视化桥梁,大大弥补了传统设计与开发工具的不足。通过本章节的学习,读者可初步掌握 MATLAB 语言在自动控制领域的基本知识,为科学研究提供一种实用的研究手段。

9.1 控制系统稳定性判据

(1)对于线性连续系统:

①如果系统的所有特征根(极点)的实部为负,则系统是稳定的;

②如果有实部为零的根,则系统是临界稳定的(在实际工程中视临界稳定系统为不稳定系统);

③如有正实部的根,则系统不稳定。

(2)线性连续系统稳定的充分必要条件是:

①描述该系统的微分方程的特征方程的根全具有负实部,即全部根在左半复平面内。

②或者说系统的闭环传递函数的极点均位于左半 s 平面内。

线性离散系统稳定的充分必要条件是:如果闭环线性离散系统的特征方程根或者闭环脉冲传递函数的极点为 λ_1,λ_2,$\cdots$,λ_n,则当所有特征根的模都小于 1 时,即:$|\lambda_i| < 1$。判定系统稳定的 MatLAB 函数如表 9-1 所示。

表 9-1 判定系统稳定的 MATLAB 函数及说明

p=eig(G)	求取矩阵特征根。系统的模型 G 可以是传递函数、状态方程和零极点模型,可以是连续或离散的
P=pole(G) Z=zero(G)	分别用来求系统的极点和零点。G 是已经定义的系统数学模型
[p,z] = pzmap(sys)	求系统的极点和零点。sys 是定义好的系统数学模型
r = roots(P)	求系统的极点和零点。sys 是定义好的系统数学模型

9.1.1　MATLAB 直接判定

【例9.1】 已知系统闭环传递函数为

$$\Phi(s) = \frac{s^2 + 2s + 1}{s^6 + 2s^5 + 8s^4 + 12s^3 + 20s^2 + 16s + 16}$$

用 MATLAB 判定稳定性。

解：MATLAB 程序如下：

```
num=[1 0 2 1];                    p=eig(G)
den=[1 2 8 12 20 16 16];          p1=pole(G)
G=tf(num,den)                     r=roots(den)
```

运行结果如下：

```
Transfer function:                 −0.0000 + 2.0000i
s^3 + 2 s + 1                      −0.0000 − 2.0000i
————————————————————              −1.0000 + 1.0000i
s^6 + 2 s^5 + 8 s^4 + 12 s^3 + 20 s^2 + 16 s    −1.0000 − 1.0000i
 + 16                              0.0000 + 1.4142i
p =                                0.0000 − 1.4142i
  −0.0000 + 2.0000i               r =
  −0.0000 − 2.0000i                 −0.0000 + 2.0000i
  −1.0000 + 1.0000i                 −0.0000 − 2.0000i
  −1.0000 − 1.0000i                 −1.0000 + 1.0000i
   0.0000 + 1.4142i                 −1.0000 − 1.0000i
   0.0000 − 1.4142i                  0.0000 + 1.4142i
p1 =                                 0.0000 − 1.4142i
```

分析：系统特征根有 2 个是位于 s 左半平面的，有 4 个位于虚轴上。由于有位于虚轴的根，因此，系统是临界稳定的。从实际工程应用上看，系统可认为是不稳定的。另外由不同 MATLAB 函数求得的系统特征方程根是一致的。在需要时根据情况选择使用。

【例9.2】 某控制系统的方框图如图 9-1 所示。试用 MATLAB 确定当系统稳定时，参数 K 的取值范围（假设 $K \geqslant 0$）。

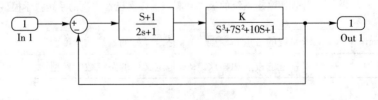

图 9-1　系统框图

解:由题可知,闭环系统的特征方程为:

$$1 + \frac{K(s+1)}{(2s+1)(s^3 + 7s^2 + 10s + 1)} = 0$$

整理得:

$$2s^4 + 15s^3 + 27s^2 + (K+12)s + K + 1 = 0$$

当特征方程的根均为负实根或实部为负的共轭复根时,系统稳定。先假设 K 的大致范围,利用 roots 函数计算这些 K 值下特征方程的根,然后判断根的位置以确定系统稳定时 K 的取值范围。

MATLAB 程序如下:

```
k=0:0.01:100;
for index=1:10000
p=[2 15 27 k(index)+12 k(index)+1];
r=roots(p);
if max(real(r))>0
break;
end
end
sprintf('系统临界稳定时 K 值为:K=%7.4f
\n',k(index))
ans =
系统临界稳定时 K 值为:K=90.1200
```

9.1.2　MATLAB 图形化判定

【例 9.3】　已知一控制系统框图,如图 9-2 所示,试判断系统的稳定性。

解:MATLAB 程序如下:

```
G1=tf([1 1],[2 1]);
G2=tf([5],[2 3 1]);
H1=tf(1,[2 1]);
Gc=feedback(G2*G1,H1)
pzmap(Gc)
```

运行结果如下:

Transfer function:

$$10 \ s^2 + 15 \ s + 5$$

————————————————————————————

$$8 \ s^4 + 20 \ s^3 + 18 \ s^2 + 12 \ s + 6$$

所得仿真图形如图 9-3 所示。

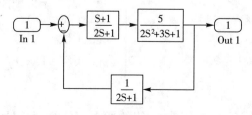

图 9-2　系统框图

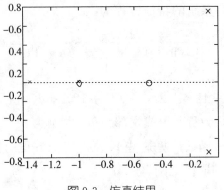

图 9-3 仿真结果

分析：由图 9-3 可知,由于特征根全部在 s 平面上的左半平面,所以此负反馈系统是稳定的。

9.2 控制系统的频域分析

频域法是一种分析和综合系统工程上广为采用的间接方法。它是一种图解分析法,所依据的是频率特性数学模型,对系统性能如稳定性、快速性和准确性进行分析。频域法因弥补了时域法的不足、使用方便、适用范围广且数学模型容易获得而得到了广泛的应用。频率特性曲线有三种表示形式,即:对数坐标图、极坐标图以及对数幅相图。

9.2.1 MATLAB 频域分析

【例 9.4】 系统的开环传递函数为 $G(s) = \dfrac{K}{s^2 + 10s + 500}$,绘制 K 取不同值时系统的 Bode 图。

解：MATLAB 程序如下：

```
%K 分别取 10,50,1000
k=[10 500 1000];
for ii=1:3
G(ii)=tf(k(ii),[1 10 500]);
%K 取不同值时的传递函数
end
bode(G(1),'r:',G(2),'b--',G(3))

%绘制不同传递函数的 Bode 图
title('系统 K/(s^2+10s+500)Bode 图,K=
10,500,1000','fontsize',16);
grid
gtext('K=10')
gtext('K=500')
gtext('K=1000')
```

运行结果如图 9-4 所示。

分析：改变 K 值,系统会随着 K 值的增大而使幅频特性向上平移,形状未做改变,而系统相频特性未受影响。

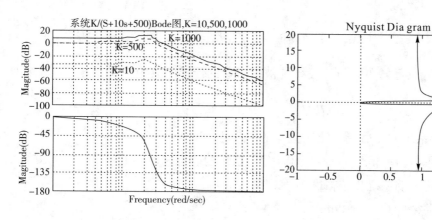

图9-4 系统当 K 分别取 10,50,1000 时的 Bode 图　　图 9-5 例 9.5 Nyquist 曲线

【**例 9.5**】 单位负反馈系统的开环传递函数为 $G(s) = \dfrac{20s^2 + 20s + 10}{(s^2 + s)(s + 10)}$,绘制系统 Nyquist 曲线。

解:MATLAB 程序如下:

```
%绘制系统的 nyquist 图              den=conv([1 1 0],[1 10]);
num=[20 20 10];                     nyquist(num,den)
```

运行结果如图 9-5 所示。

【**例 9.6**】 系统的开环传递函数为 $G(s) = \dfrac{100}{s(s+8)}$,绘制系统的 Nichols 曲线。

解:程序如下:

```
num=100;                          nichols(num,den,w);%绘制系统的 Nichols
den=[1 8 0];                      曲线
w=logspace(-1,2,100);%指定频率范围   ngrid;
```

运行结果如图 9-6 所示。

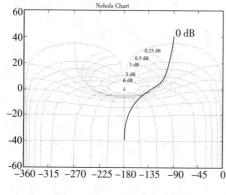

图9-6 例 9.6 Nichols 曲线

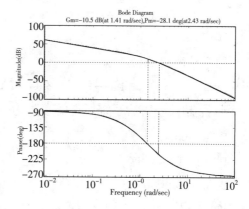

图9-7 原系统 Bode 图

9.2.2　控制系统的频域法校正

【例 9.7】 已知单位负反馈系统被控对象的传递函数为：

$$G(s) = \frac{K}{s(s+1)(s+2)}$$

试设计系统的滞后-超前校正器,使之满足：

(1)在单位斜坡信号 $r(t) = t$ 作用下,系统的静态速度误差系数 $K_v = 10s^{-1}$；

(2)校正后的系统相位裕度为 $P_m = 45°$；

(3)增益裕度 $G_m \geqslant 10\text{dB}$。

解：①由题目对系统的静态速度误差系数要求,计算得 $K = 20$。

程序如下：

```
wc2=1.5;
num=20;
den=conv([1 1 0],[1 2]);
G=tf(num,den);
[mag,phase,wcg,wcp]=margin(G);
margin(G)
t1=1/(0.1*wcg);
beta=10;
Gc_lag=tf([t1,1],[beta*t1,1])
G1=G*Gc_lag;
[mag,phase,w]=bode(G1);
mag1=spline(w,mag,wc2);
L=20*log10(mag1);
alfa=10^(-L/10);
t2=1/wc2/sqrt(alfa);
Gc_lead=tf([alfa*t2,1],[t2,1]);
G0=G*Gc_lead*Gc_lag;
figure(2)
margin(G0)
% xlabel('Frequency(rad/sec)')
figure(3)
step(feedback(G0,1))
```

运行结果如图 9-7 所示,其传递函数为：

Transfer function：

7.071 s + 1

——————————————

70.71 s + 1

原系统所得的参数为：

mag = 0.3000; phase = −28.0814；wcg = 1.4142；wcp = 2.4253

滞后-超前校正后系统所得的参数为：

mag = 4.1764

phase = 48.8658

wcg = 3.6028

wcp = 1.5015

需要注意的是,幅值裕度 mag 需进行转换后再观察是否满足要求。

magdB$=20 * \log10(\text{mag})$

magdB$=12.4161$

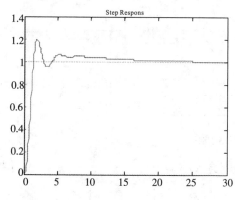

图 9-8　滞后-超前校正后系统的 Bode 图

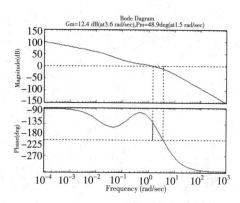

图 9-9　滞后-超前校正后系统的阶跃响应曲线

由所得结果可知,系统校正后满足所有要求。图 9-8 及图 9-9 所示系统的阶跃响应曲线也表明系统是稳定的。

9.3　控制系统的 PID 控制器设计

PID 控制器具有以下优点:

原理简单,应用方便,参数整定灵活。

适用性强。在不同生产行业或领域都有广泛应用。

鲁棒性强。控制品质对受控对象的变化不太敏感。当受控对象受外界扰动时,无需经常改变控制器的参数或结构。

PID 控制器分类主要有:

比例控制;

比例微分控制;

积分控制;

比例积分控制;

比例积分微分控制。

PID 控制器如图 9-10 所示,它是通过对误差信号 $e(t)$ 进行比例、积分或微分运算和结果的加权处理,得到控制器的输出 $u(t)$,作为控制对象的控制值。

经过 Laplace 变换,PID 控制器可描述为:

$$G_c(s) = K_p + \frac{K_I}{s} + K_D s$$

式中,K_p、K_I、K_D 为常数。

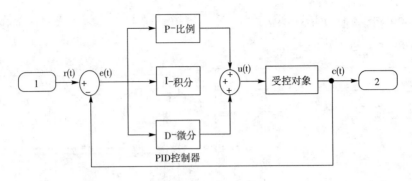

图 9-10　PID 控制器

【**例 9.8**】　系统如图 9-10 所示，受控对象 $G_0(s) = \dfrac{1}{s(s+1)(s+5)}$ ，设计控制器以消除系统静态速度误差。

解法 1：等幅振荡法

①求取系统临界稳定时参数，作系统根轨迹图。

程序如下：

```
num=1;                          G0=tf(num,den);
den=conv([1 1 0],[1 5]);        rlocus(G0)
```

原系统根轨迹图如图 9-11 所示。

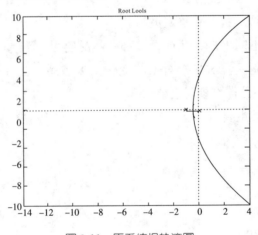

图 9-11　原系统根轨迹图

由图可得原系统在临界稳定时，$K'_p = 30$ ，$P' = 2\pi/\omega_c = 2\pi/2.23 = 2.8$ 。

②求取不同控制器参数并查看控制效果。

程序如下：

```
t=0:0.01:25;                    G0=tf(num,den);
num=1;                          step(feedback(G0,1),t)
den=conv([1 1 0],[1 5]);
```

运行结果如图 9-12 所示：

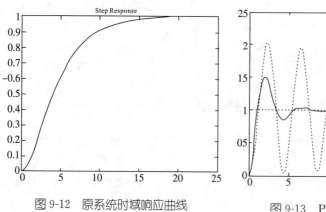

图 9-12   原系统时域响应曲线
图 9-13   PI 和 PID 控制曲线 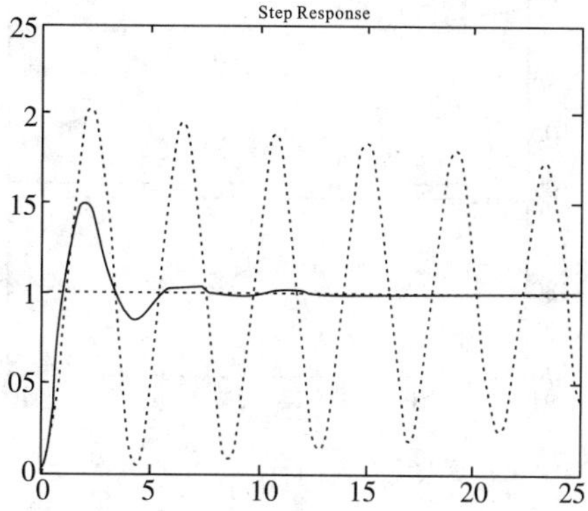

③程序如下：

```
Kp0=30;                              hold on;
P0=2.8;                              Kp2=0.6*Kp0;
Kp1=0.45*Kp0;                        Ti2=0.5*P0;
Ti1=0.833*P0;                        Td2=0.125*P0;

s=tf('s');                          s=tf('s');
Gc1=Kp1*(1+1/Ti1/s);                Gc2=Kp1*(1+1/Ti1/s+Td2*s);
step(feedback(G0*Gc1,1),':',t);     step(feedback(G0*Gc2,1),t)
```

运行结果如图 9-13 所示。

分析：原系统为 I 型系统，存在稳态速度误差，因此本例中给出 PI 和 PID 两种控制器，用以消除稳态速度误差。图中虚线所示为 PI 控制效果，实线曲线为 PID 控制效果。可见，PID 要比 PI 控制效果好得多。

解法 2：频域法整定

①求取原系统稳定裕度参数程序：

```
%频域法整定                          [Kc,pm,wcg,wcp]=margin(G0);
num=1;                              [Kc,pm,wcg,wcp]
den=conv([1 1 0],[1 5]);           运行结果如下：
G0=tf(num,den);                     [Kc,pm,wcg,wcp]
margin(G0)                          ans=
                                      30.0000 76.6603  2.2361  0.1961
```

原系统 Bode 图如图 9-14 所示。

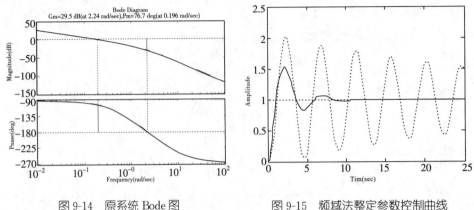

图 9-14　原系统 Bode 图　　　图 9-15　频域法整定参数控制曲线

可得 $K_c = 30$ ，$\omega_c = 2.236$ 。

②求取不同控制器参数并查看控制效果。

程序如下：

```
%%%%%%%%%%%%%%%%%%%
t=0:0.01:25;
num=1;
den=conv([1 1 0],[1 5]);
G0=tf(num,den);
[Kc,pm,wcg,wcp]=margin(G0)
Tc=2*pi/wcg;
Kp1=0.4*Kc;
Ti1=0.8*Tc;
s=tf('s');
Gc1=Kp1*(1+1/Ti1/s);
Kp2=0.6*Kc;
Ti2=0.5*Tc;
Td2=0.12*Tc;
Gc2=Kp1*(1+1/Ti1/s+Td2*s);
step(feedback(G0*Gc1,1),':',t);
hold on;
step(feedback(G0*Gc2,1),t)
hold off;
运行结果如下：
Kc =30
pm =76.6603
wcg = 2.2361
wcp =0.1961
```

　　分析：如图 9-15 所示，与等幅振荡法相比较，频域法整定的控制结果基本一致。事实上，基于频域的整定方法与等幅振荡法意义是相同的。从以上整定效果来看，闭环系统的响应基本可以接受。当然对于实际系统，在后续的应用中还应常常对控制器参数进行调整，以使得被控过程得到满意的控制。

第 10 章　MATLAB 在电机及其控制中的应用

电机作为一种依据电磁感应定律实现电能的转换或传递的电磁装置,其在许多行业中有很广泛的应用。MATLAB 凭借它在科学计算方面的优势。建立了电机内部结构以及其控制方面从设计、构思到最终设计要求实现的可视化桥梁,大大弥补了传统设计与开发工具的不足。通过本章的学习,读者可初步掌握 MATLAB 语言在电机及其控制领域的基本知识,为电机的科学研究提供一种实用的研究手段。

直流电机包括直流发电机和直流电动机。其中直流发电机是把机械能转换为电能的旋转电机。直流电动机是将电能转换为机械能的旋转电机。基本数学模型同样由电势平衡方程,功率平衡方程和转矩平衡方程构成。电动机与发电机的不同表现为:发电机的电动势 E 大于电压 U ,其电流 I 与电动势 E 同方向,而电动机则相反,因此电流 I 与电动势 E 方向相反。从机械角度看,发电机中电磁转矩为反转矩,起制动作用,而电动机中电磁转矩则表现为拖动作用。电动机的基本特性包括启动性能,工作特性,机械特性,调速性能和制动性能,这些都是研究电动机必须清楚的。不同励磁方式的电机具有完全不同的特性。

本章借助 MATLAB 在科学计算方面的优势。建立了电机及其控制的可视化桥梁,大大弥补了传统设计与开发工具的不足。通过本章的学习,读者可初步掌握 MATLAB 语言在电机及其控制领域的基本知识,为电机的科学研究提供实用的研究手段。

10.1　直流发电机

10.1.1　直流发电机空载特性

【例 10.1】一台他励直流发电机:额定电压 $U_N = 220$ V,额定转速 $n_N = 1000$ r/min ,励磁电流为 $I_{fN} = 22.8$ A,电枢绕组的电阻和电感忽略不计,已知它在 750 r /min 转速时的空载特性如表 10-1 所示,试求电机在额定转速时的空载特性并求出额定空载电压。

表 10-1　他励直流发电机的空载特性

$I_t(A)$	0	0.4	1.0	1.6	2.0	2.5	2.6	3.0	3.6	4.4
$e_s(V)$	5	33	78	120	150	176	180	193.5	206	225

解:(1)问题分析。

直流发电机的空载特性是指电机空载稳态运行时端电压和励磁电流之间的关系,即

$$e_a = f(I_f)$$

不同励磁方式的发电机,其空载特性基本相同,这里以他励直流发电机为例进行分析。根据感应电动势的计算公式,即

$$e_a = C_e n f(I_f)$$

式中,C_e 为电动势常数,n 为电机转速,显然,根据给定的 750 r/min 时的空载特性可以得到相应的拟合曲线。又因为感应电动势与转速成正比,可以得到额定转速下发电机的空载特性,

$$\frac{e_a(750)}{e_a(1000)} = \frac{750}{1000}$$

最后,将额定励磁电流($I_{fN} = 22.8$ A)代入,即可求出额定空载电压。

MATLAB 程序如下:

```
%编写他励发电机空载特性
%下面输入电机基本数据:
n1=750;nN=1000;IfN=2.5;
%下面输入 750 转/分钟时的空载特性试验
数据(Ifdata 是励磁电流,Eadata 是感应电
势):
Ifdata=[ 0, 0.4, 1.0, 1.6,2.0, 2.5, 2.6,
3.0,3.6, 4.4];
Eadata=[5, 33, 78, 120,   150,176,180,
193.5, 206, 225 ];
%下面绘制空载特性曲线(原始数据):
plot(Ifdata,Eadata,' * ');
hold on
%下面进行三次样条插值:
If = 0:.01:3.5;%进行励磁电流参数重新
设置:
Ean1=spline(Ifdata,Eadata,If);%根据样点数
据求 If 对应的样条插值
```

```
%下面进行空载特性曲线重构:
plot(If,Ean1)
%计算额定转速时的空载特性
EanN=Ean1 * nN/n1;
plot(If,EanN,'r')
hold on
%计算空载额定电压
If=IfN;
EaN=spline(Ifdata,Eadata,If) * nN/n1
%在励磁电流工作点作一条垂直于电流轴的虚
线与空载特性曲线相交,交点对应的电势即电
机的额定工作电势
plot([IfN,IfN],[0,300],'-.')
hold on
xlabel('If[A]')
ylabel('Ea[V]')
运行结果如下:
EaN =234.6667
```

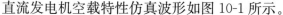

直流发电机空载特性仿真波形如图 10-1 所示。

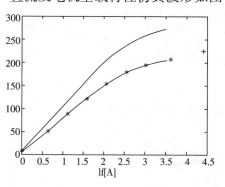

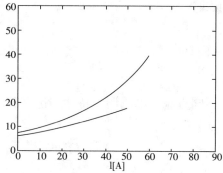

图 10-1　直流发电机空载特性曲线　　　图 10-2　他励和并励直流发电机调整特性

10.1.2　直流发电机的调整特性

【例 10.2】　一台直流发电机：额定电压 $U_N = 250$ V，额定转速 $n_N = 1000$ r/min，励磁电流为 $I_{fN} = 22.8$ A，励磁绕组的电阻 $R_f = 293/12$，已知它在额定转速时的空载特性如表 10-2 所示，试分析电机的调整特性。

表 10-2　他励直流发电机的空载特性

I_t(A)	0	0.4	1.0	1.6	2.0	3.0	8.5	12
e_s(V)	15	43	88	130	150	193.5	290	291

解：(1)问题分析。

直流发电机的调整特性是指电机负载变化时，为了稳定电压，励磁电流和负载电流之间的关系，即 $I_f = f(I)$。

从原理上讲，不同励磁方式的发电机，其调整特性与相应的外特性正好相反，可以根据外特性的变化，进一步得到调整特性的变化规律。下面直接给出计算程序。

(2)MATLAB 程序如下：

```
%直流发电机调整特性分析
%下面输入电机基本数据：
UN＝250;IfN＝2.5;Rf＝293/12;Ra＝1.8;k=.1;
%下面输入 750 转/分钟时的空载特性试验数据(Ifdata 是励磁电流，Eadata 是感应电势)：
Ifdata＝[0,0.4,1.0,1.6,2.0,  3.0,8.5  12];
Eadata＝[15,43,88,130,  150,  193.5,290,291];
%下面进行空载特性曲线拟合：p＝polyfit(Eadata,Ifdata,3);
%他励发电机调整特性
I＝0:0.01:50;
Ea＝UN＋I＊Ra;
If＝polyval(p,Ea);%计算对应于拟合曲线的励磁电流
plot(I,If,'r')
hold on
```

```
xlabel('I[A]')                          Eab=UN+Iab * Ra;
ylabel('If[A]')                         Ifb=polyval(p,Eab);
axis([0,90,0,60])                       Ib=Iab-Ifb;
%并励发电机调整特性:                      plot(Ib,Ifb)
Iab=0:.01:100;                          hold on
```

不同直流发电机调整特性的仿真曲线如图 10-2 所示。

10.2 直流电动机

10.2.1 直流电动机的转矩特性

【例 10.3】 分析不同励磁方式直流电动机的转矩特性并画出特性。

解:(1)问题分析。

直流电动机的转矩特性是指其他条件不变,当负载变化时,电磁转矩随负载电流的变化规律。研究转矩特性,只需要找出电磁转矩与负载电流的数学关系,然后根据该关系画出曲线即可,下面按照励磁方式的不同分别予以介绍。

①他励直流电动机。

假设励磁电流不变,主磁通不变,则有

$$T_{em} = C_m\Phi I_a = C_m\Phi I$$
$$I_a = I$$
$$T_{em} = C_m\Phi I$$

②串励直流电动机。

与他励电动机不同,串励电动机的励磁电流随着负载的变化而变化,因此

$$T_{em} = C_m\Phi I_a$$
$$I_f = I_a$$
$$T_{em} = C_m k I_a^2$$

(2)MATLAB 程序如下:

```
%直流电动机转矩特性分析                   %计算并励电动机外特性
%下面输入电机基本数据                     Temb=Cm * k1 * Ia;
Cm=10;Ra=1.8;k=.1;k1=.2;               plot(Ia,Temb,'k')
%下面输入 750 转/分钟时的空载特性试验       hold on
数据(Ifdata 是励磁电流,Eadata 是感应电     axis([0,20,0,60])%计算串励电动机外特性
势):                                    Temc=Cm * k * Ia.^2;
Ia=0:.01:15;
```

plot(Ia,Temc,'b')　　　　　　　　　　plot(Ia,Temt,'r')

hold on　　　　　　　　　　　　　　　xlabel('Ia[安培]')

%计算他励电动机外特性　　　　　　　　ylabel('Tem[牛顿. 米]')

Temt＝Cm＊k＊Ia；

仿真结果如图 10-3 所示。

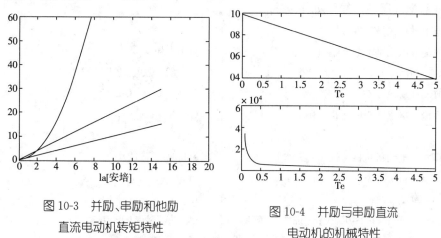

图 10-3　并励、串励和他励
直流电动机转矩特性

图 10-4　并励与串励直流
电动机的机械特性

10.2.2　直流电动机的机械特性

【例 10.4】　一台直流电动机,电枢电压 $U = 220\,\text{V}$,功率 $P = 2$,电枢绕组匝数 $N = 398$,并联绕组对数 $a = 1$,主磁通 $\Phi = 0.0103$,电枢电阻 $R_a = 0.17$,磁场系数 $C_\Phi = 0.0013$,试分析其机械特性。

解:(1)问题分析。

①并励直流电动机。

根据直流电动机的电压方程和转矩公式,可以得到电动机的机械特性表达式,即

$$U = C_e N\Phi + I_a R_a$$

$$C_e = \frac{PN}{60a}$$

$$T_e = C_M \Phi I_a$$

$$C_M = \frac{PN}{2\Phi a}$$

$$N = \frac{U}{C_e \Phi} - \frac{T_e}{C_e C_M \Phi^2}R_a$$

②串励直流电动机。

$$T_e = C_M \Phi I_a = C_M C_\Phi I_a^2$$

$$I_a = \sqrt{\frac{T_e}{C_M C_\Phi}}$$

$$N = \frac{U - I_a R_a}{C_e \Phi} = C_1 \frac{U}{\sqrt{T_e}} - C_2 R_a$$

其中

$$C_1 = \frac{1}{C_e} \sqrt{\frac{C_M}{C_\Phi}} , C_2 = \frac{1}{C_e C_\Phi}$$

(2)MATLAB 程序如下：

```
%直流电动机机械特性分析
%下面输入电机基本数据：
U=220;Ra=0.17;p=2;N=398;a=1;psi
=0.0103;Cpsi=0.0013;
%下面输入电磁转矩的变化范围：
Te=0:.01:5;
%计算并励电动机机械特性：
Ce=p*N/60/a;
Cm=p*N/2/pi/a;
n=U/Ce/psi-Ra*Te/Ce/Cm/psi^2;
subplot(2,1,1)
plot(Te,n,'k')
hold on
xlabel('Te')
ylabel('n')
%计算串励电动机机械特性
C1=1/Ce*(Cm/Cpsi)^.5;
C2=1/Ce/Cpsi;
n=C1*U*(Te+.001).^(-.5)-C2*Ra;
subplot(2,1,2)
plot(Te,n,'b')
hold on
axis([0,5,0,60000])
xlabel('Te')
ylabel('n')
```

运行结果如图 10-4 所示。

10.3　三相同步电机

10.3.1　三相同步发电机空载

【例 10.5】　三相同步发电机的基本参数如下：

$r = 2.9069$ ；$R_{fd} = 5.9013E-01$ ；$R_{kd} = 11.900$ ；$R_{kq} = 20.081$ ；$U_{fd} = 24$ ；$\omega = 377$ ；

$L_1 = 3.0892E-01$ ；$L_{md} = 3.2164$ ；$L_{mq} = 9.7153E-01$ ；$L_{1fd} = 3.0712E-01$ ；$L_{1kd} = 4.9076E-01$ ；$L_{1kq} = 1.0365$ 。

(1)问题分析。

三相同步发电机仿真程序的编写基于同步发电机的数学模型，因此，首先建立发电机的数学模型，在 dq0 坐标系统下，发电机的数学模型如下：

$$U_d = R_s i_d + \frac{\mathrm{d}}{\mathrm{d}t} \varphi_d - \omega \varphi_q$$

$$U_q = R_s i_q + \frac{\mathrm{d}}{\mathrm{d}t}\varphi_q + \omega\varphi_d$$

$$U_{fd} = R_{fd} i_{fd} + \frac{\mathrm{d}}{\mathrm{d}t}\varphi_{id}$$

$$U_{kd} = R_{kd} i_{kd} + \frac{\mathrm{d}}{\mathrm{d}t}\varphi_{kd}$$

$$U_{kq} = R_{kq} i_{kq} + \frac{\mathrm{d}}{\mathrm{d}t}\varphi_{kq}$$

$$\varphi_d 5 = L_d i_d + L_{md}(i_{fd} + i_{kd})$$
$$\varphi_q = L_q i_q + L_{mq} i_{kq}$$
$$\varphi_{fd} = L_{fd} i_{fd} + L_{md}(i_d + i_{kd})$$
$$\kappa_{kd} = L_{kd} i_{kd} + L_{md}(i_d + i_{fd})$$
$$\varphi_{kq} = L_{kq} i_{kq} + L_{mq} i_q$$

式中 d，q——dq0 坐标系轴坐标；

R，s——定转子轴坐标；

L，m——自感和互感；

f，k——励磁绕组和阻尼绕组。

注: 上述数学模型是在假设发电机含有阻尼绕组的基础上写出来的；当发电机没有阻尼绕组时,在上述数学模型的基础上去掉相应的电压方程和磁链方程即可。

MATLAB 程序代码如下:

(1)有阻尼绕组仿真程序:

```
tspan = [0 10];
y0 = [0;0;0;0;0];
%方程求解
[t,y] = ode113('sy_ge_damp_noload_ode',
tspan,y0);
%空载建立电压过程励磁电流的变化规律;

ifd=y(:,3);
plot(t,ifd)
%下面指定纵横轴标签
xlabel('Time[s]')
ylabel('Ifd[A]')
```

编写求解空载建立电压微分方程的函数程序如下:

```
%编写同步发电机有阻尼绕组空载建立电压过程微分方程的 M—函数
function dydt=sy_ge_damp_noload_ode(t,y)
%下面输入电机基本数据:
r=2.9069,Rfd=5.9013E−01,Rkd=11.900,Rkq=20.081;Ufd=24;w=377,Ll=3.0892E
−01,Lmd=3.2164,Lmq=9.7153E−01,Llfd=3.0712E−01,Llkd=4.9076E−01,Llkq=
1.0365,
Ld=Lmd+Ll;Lq=Lmq+Ll;Mafd0=Lmd,Makd0=Lmd,Makq0=Lmq,Lfd=Llfd+Lmd,
Lkd=Llkd+Lmd,Lkq=Llkq+Lmq,Mfkd=Lmd;
```

%下面输入电感系数矩阵：

```
L=[  Ld,    0,      Lmd,Lmd,     0;
      0,    Lq,     0,    0,        Lmq;
     Lmd,   0,      Lfd,  Lmd,     0;
     Lmd,   0,      Lmd,  Lkd,     0;
      0,    Lmq,    0,    0,       Lkq]
G=[  0,    −Lq,    0,      0,       −3/2 * Makq0;
     Ld,    0,      Mafd0,  Makd0,   0;
      0,    0,      0,      0,       0;
      0,    0,      0,      0,       0;
      0,    0,      0,      0,       0]
```

%下面输入电阻矩阵：

```
R=[  r,    0,    0,    0,    0;
      0,    r,    0,    0,    0;
      0,    0,    Rfd,  0,    0;
      0,    0,    0,    Rkd,  0;
      0,    0,    0,    0,    Rkq]
```

%下面输入电压向量：

Udq0=[0,0,Ufd,0,0]′;

%下面列写微分方程：

dydt=L\(Udq0−w * G * y−R * y);

(2)无阻尼绕组仿真程序：

tspan = [0 10];

y0 = [0;0;0];

%方程求解

[t,y]=ode113('sy_ge_nodamp_noload_ode',tspan,y0);

%空载建立电压过程中励磁电流的变化规律；

ifd=y(:,3);

plot(t,ifd)

%下面指定纵横轴标签

xlabel('Time[s]')

ylabel('Ifd[A]')

编写求解空载建立电压微分方程的函数程序如下：

%编写同步发电机无阻尼绕组空载建立电压过程微分方程的 M—函数

%将该 M—函数定义为 sy_ge_nodamp_noload_ode

function dydt=sy_ge_nodamp_noload_ode(t,y)

%下面输入电机基本数据：

r＝2.9069；Rfd＝5；9013E－01；Rkd＝11.900；Rkq＝20.081；Ufd＝24；w＝377；Ll＝3.0892E－01；Lmd＝3.2164；Lmq＝9.7153E－01；Llfd＝3.0712E－01；Llkd＝4.9076E－01；Llkq＝1.0365；

Ld＝Lmd＋Ll；Lq＝Lmq＋Ll；Mafd0＝Lmd；Makd0＝Lmd；Makq0＝Lmq；Lfd＝Llfd＋Lmd；Lkd＝Llkd＋Lmd；Lkq＝Llkq＋Lmq；Mfkd＝Lmd；

％下面输入电感系数矩阵：

```
L＝[  Ld,           0,            Lmd,；
      0,            Lq,           0,   ；
      Lmd,          0,            Lfd  ]；
G＝[  0,            －Lq,         0,        ；
      Ld,           0,            Mafd0,  ；
      0,            0,            0,    ]；
```

％下面输入电阻矩阵：

```
R＝[ r,   0,   0,   ；
     0,   r,   0,   ；
     0,   0,   Rfd, ]；
```

％下面输入电压向量：

Uabc＝[0,0,Ufd]′；

％下面列写微分方程：

dydt＝L\(Uabc－w＊G＊y－R＊y)；

运行上述程序，可以得到仿真结果，分别如图 10-5(a)和(b)所示。

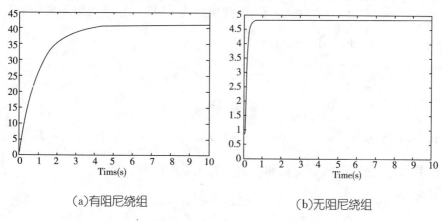

（a）有阻尼绕组　　　　　　　　　（b）无阻尼绕组

图 10-5　同步发电机空载建立电压仿真结果

10.3.2　永磁同步电机模型

在转子磁场定向坐标系（$d-q$ 坐标系）中，由电压平衡方程和转矩平衡方程，可得如下的 PMSM 的状态方程：

$$\mathrm{d}\tilde{i}_d/\mathrm{d}t = \frac{1}{L_d}(-R_s\tilde{i}_d + n_p L_q\tilde{\omega}\,\tilde{i}_q + \tilde{u}_d)$$

$$\mathrm{d}\tilde{i}_q/\mathrm{d}t = \frac{1}{L_q}(-R_s\tilde{i}_q - n_p\tilde{\omega}(L_d\tilde{i}_d + \varphi) + \tilde{u}_q)$$

$$\mathrm{d}\tilde{\omega}/\mathrm{d}t = \frac{1}{J}[n_p(\varphi\tilde{i}_q + (L_d - L_q)\tilde{i}_q\tilde{i}_d) - b\tilde{\omega} - \tilde{T}_L)$$

式中，$\tilde{u}_d$，$\tilde{u}_q$，$\tilde{T}_L$ 分别为变换，d，q 轴电压和负载扭矩；$\tilde{\omega}$ 为转子角速度. φ 为转子永久磁链，R_s 是定子电阻，n_p 是极对数，J 是转子惯量，b 是阻尼系数，L_d 和 L_q 分别是直轴和交轴电感。

对于表面贴磁的均匀气隙 PMSM，有 $L_d = L_q = L$，则

$$\mathrm{d}\tilde{i}_d/\mathrm{d}t = \frac{1}{L}(-R_s\tilde{i}_d + n_p L_q\tilde{\omega}\,\tilde{i}_q + \tilde{u_{d1}})$$

$$\mathrm{d}\tilde{i}_q/\mathrm{d}t = \frac{1}{L}(-R_s\tilde{i}_q - n_p\tilde{\omega}(L_d\tilde{i}_d + \varphi) + \tilde{u_{q1}})$$

$$\mathrm{d}\tilde{\omega}/\mathrm{d}t = \frac{1}{J}[n_p\varphi\tilde{i}_q - b\tilde{\omega} - \tilde{T}_{L1})$$

对于上述方程，做如下的仿射变换和时间尺度变换：

$$\dot{x} = \begin{bmatrix} \sigma_1 & 0 & 0 \\ 0 & \sigma_2 & 0 \\ 0 & 0 & \sigma_3 \end{bmatrix} x + \begin{bmatrix} \xi_1 \\ \xi_2 \\ \xi_3 \end{bmatrix}$$

其中参数 $\tau = L/R_s$，$\sigma_1 = b/(n_p^2\tau\varphi)$，$\sigma_2 = \sigma_1$，$\sigma_3 = 1/(n_p\tau)$，$\xi_1 = 0$，$\xi_2 = -(\rho Lb\sigma_3 + n_p\varphi^2)/(n_p L\varphi)$，$\xi_3 = 0$，则变换后的 PMSM 模型可以写成如下形式：

$$\mathrm{d}\tilde{i}_d/\mathrm{d}t = -\tilde{i}_d + \tilde{\omega}\tilde{i}_q + \tilde{u_{d1}}$$

$$\mathrm{d}\tilde{i}_q/\mathrm{d}t = -\tilde{i}_q - \tilde{\omega}\tilde{i}_d + \gamma\tilde{\omega} + \tilde{u_{q1}}$$

$$\mathrm{d}\tilde{\omega}/\mathrm{d}t = \sigma(\tilde{i}_q - \tilde{\omega}) - \tilde{T}_{L1}$$

其中，$\sigma = \tau b/J$，$\tilde{u_{d1}} = \frac{\tau}{\sigma_2 L}(\tilde{u}_d - R_s\xi_2)$，$\tilde{u_{q1}} = \frac{\tau}{\sigma_1 L}\tilde{u}_q$，$\tilde{T}_{L1} = \frac{\tau}{J\sigma_3}T_L$，$\gamma$ 是一个自由参数，方程中的所有变量和参数均为无量纲的数。即

$$\dot{x}_1 = -x_1 + x_2 x_3 + \tilde{u_{d1}}$$

$$\dot{x}_2 = -x_2 - x_1 x_3 + \gamma x_3 + \tilde{u_{q1}}$$

$$\dot{x}_3 = \sigma(x_2 - x_3) - \tilde{T}_{L1}$$

MATLAB 程序代码如下：

```
function xdot = chaocommu1(t,x)          x0=[16;0.002;0.003];
A=28;                                    [t,x]=ode45('chaocommu1',[t0,tf],x0);
B=3;                                     plot(t,x);
xdot=[-x(1)+x(2)*x(3);-x(2)-x(3)         figure
*x(1)+A*x(3);B*(x(2)-x(3))];             plot3(x(:,1),x(:,2),x(:,3),'b');
clear all;                               figure
t0=0;tf=100;                             plot(x(:,1),x(:,3))
```

永磁同步电机时域响应及混沌吸引子运行结果分别如图 10-6(a)和(b)所示

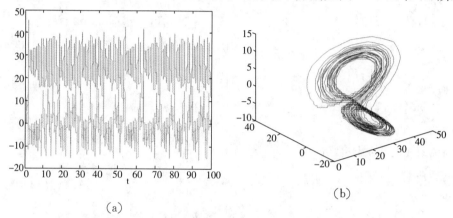

(a)　　　　　　　　　　　　　　(b)

图 10-6　永磁同步电机时域响应及混沌吸引子(a) t,x (b) x_1 , x_2 , x_3

10.4　三相异步电机

10.4.1　三相异步电机的机械特性

三相异步电机的机械特性,是指在定子电压、频率和其他参数固定且负载不断变化时,电磁转矩与转速(或转差率)之间的函数关系。根据电机有关知识,两者之间的关系为

$$T = \frac{3U_1^2 \dfrac{r_2}{s}}{2\pi f_1 \left[\left(r_1 + \dfrac{r_2}{s} \right)^2 + (x_1 + x_2)^2 \right]}$$

上述数学关系 $T = f(s)$ 即是异步电机的机械特性。当转子电阻,定子电压或频率等参数发生变化时,可以得到对应于不同参数时的电机机械特性。

MATLAB 程序代码如下:

```
%三相异步电动机的机械特性
clc
clear
%下面输入电动机参数
U1=220/sqrt(3);
Nphase=3;
P=2;
fN=50;
R1=0.095;
X1=0.680;
X2=0.672;
Xm=18.7;
%下面计算电机同步速度
omegas=2*pi*fN/P;
nS=60*fN/P;
%下面是转子电阻的循环数值
for m=1:5
    if m==1
        R2=0.1;
    elseif m==2
        R2=0.2;
        elseif m==3
```

```
        R2=0.5;
    elseif m==4
        R2=1.0;
    else
        R2=1.5;
    end
%下面是转差率计算
for n=1:2000
    s(n)=n/2000;
    Tmech=Nphase*P*U1*2*
R2/s(n)/omegas/[(R1+R2/s(n))^2+(X1
+X2)^2];
%绘图
plot(s(n),Tmech)
end
if m==1
    hold
end
end
hold
xlabel('转差率')
ylabel('电磁转矩')
```

异步电机机械特性仿真结果如图 10-7 所示

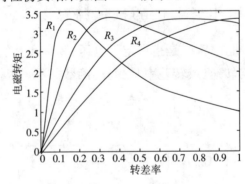

图 10-7　异步电机机械特性仿真曲线

10.4.2　三相异步电机自然制动

三相异步电机稳定运行过程中,切断电源,观察电机的自然制动过程。

10.4.2.1　问题分析

所谓自然制动是指在电机运行过程中,切断电源,不加其他任何控制,电机转速逐渐降低,直至停车的全过程。相对其他制动方式而言,自然制动耗时最长,电机转速下降最慢。

10.4.2.2　Simulink 模型

三相异步电机自然制动模型,就是在三相交流电源和电机的三相定子绕组之间设置三个开关。开关初始状态导通,模型运行到一定程度后开关断开。整个仿真模型如图 10-8 所示。

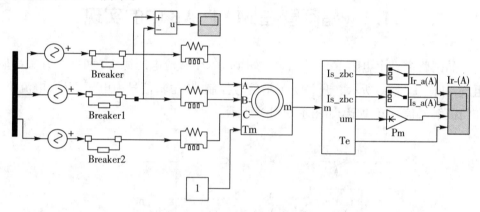

图 10-8　三相异步电机自然制动仿真模型

运行上述仿真模型,得到电流,转矩和电机转速的变化规律如图 10-9 所示。

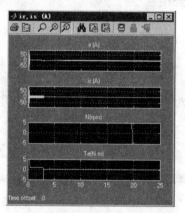

图 10-9　三相异步电机自然制动仿真结果

分析:三相异步电机的自然制动,其实就是一种无电磁运行状态,此时电机内部只有单纯的机械运动。所以从仿真结果上能看到,电机内部转子电流及电磁转矩均为零,而转速逐步减小。这是自然制动与电机其他运行状态的最大不同之处。

第 11 章　MATLAB 在电力电子中的应用

本章介绍 MATLAB 在电力电子中的应用情况，让读者熟悉 MATLAB/Simulink 的电力系统仿真模块及电力电子的建模与方法。

11.1　晶闸管在 MATLAB 中的实现

晶闸管由一个电阻 Ron、一个电感 Lon、一个直流电压源 Vf 和一个开关串联组成，如图 11-1(a)所示。开关受逻辑信号控制，该逻辑信号由电压 Vak、电流 Iak 和门极触发信号 g 决定，如图 11-1(b) 所示。

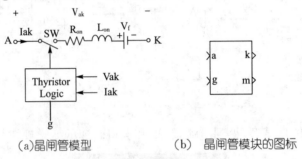

(a)晶闸管模型　　　　　　(b)　晶闸管模块的图标

图 11-1　晶闸管

晶闸管元件参数设置如图 11-2 所示

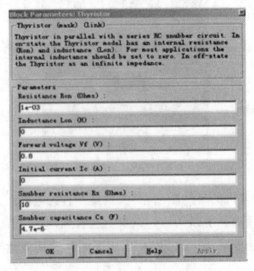

图 11-2　晶闸管元件参数设置

Resistance Ron：晶闸管元件内电阻 Ron；

Inductance Lon：晶闸管元件内电感 Lon；

Forward voltage Vf(V)：晶闸管元件的正向管压降 Vf；

Initial current Ic(A)：初始电流 Ic；

Snubber resistance Rs(ohms)：缓冲电阻 Rs；

Snubber capacitance Cs(F)：缓冲电容 Cs。

11.1.1　晶闸管仿真举例

单相半波整流器模型如图 11-3 所示

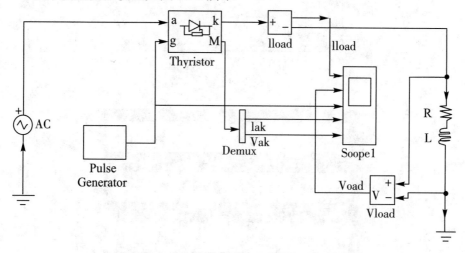

图 11-3　单相半波整流器 Simulink 模型

Pulse 的参数设置对话框如图 11-4 所示

晶闸管模块设置：

　　Ron＝0.001 Ω；Lon＝0 H；Vf＝0.8 V；Rs＝20 Ω；Cs＝4e−6 F；

串联 RLC 元件模块和接地模块到 Thyristor 模型：

　　R＝1 Ω；L＝0.01 H

仿真参数：

　　选择 ode23tb 算法，将相对误差设置为 1e−3；开始仿真时间设置为 0，停止仿真时间设置为 0.1；α＝0°单相半波整流器仿真结果如图 11-5 所示

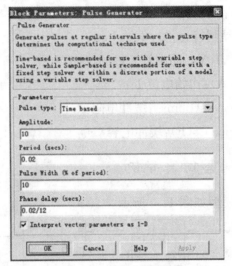

图 11-4　Pulse 的参数设置

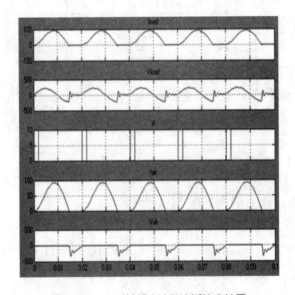

图 11-5　$\alpha = 0°$单相半波整流桥仿真结果

11.2　可关断晶闸管

11.2.1　可关断晶闸管工作原理

GTO 的静态伏安特性如图 11-6 所示。

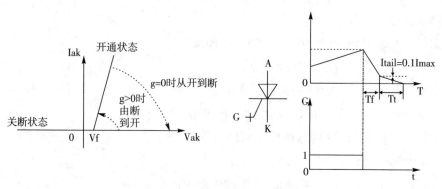

图 11-6 GTO 的静态伏安特性

11. 2. 1. 1 GTO 在 MATLAB 中的实现

GTO 模型由电阻 Ron、电感 Lon、直流电压源 Vf 和开关串联组成，如图 11-7 (a)所示。该开关受一个逻辑信号控制，该逻辑信号又由 GTO 的电压 Vak、电流 Iak 和门极触发信号(g)决定，如图 11-7(b)所示。

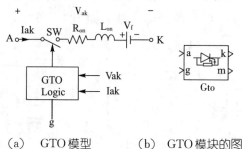

（a） GTO 模型   （b） GTO 模块的图标

图 11-7   GTO

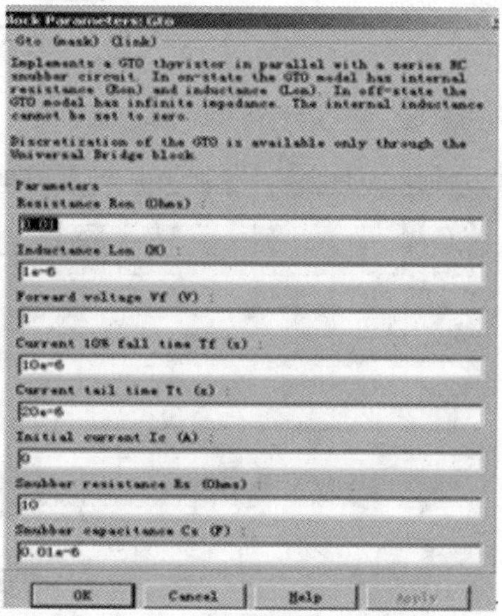

图 11-8 GTO 模型参数设置

参数设置

Resistance Ron(ohms)：元件内电阻 Ron；

Inductance Lon(H)：元件内电感 Lon；

Forward voltage Vf(v)：元件的正向管压降 Vf；

Current 10% fall time(s)：电流下降到 10% 的时间；

Current tail time(s)：电流拖尾时间 Tt；

Initial current Ic(A)：初始电流 Ic；

Snubber resistance Rs(ohms)：缓冲电阻 Rs；

Snubber capacitance Cs(F)：缓冲电容 Cs。

参数设置如图 11-8 所示。

单相半波整流器模型如图 11-9 所示，仿真模型参数设置：交流电压源幅值 5 V，频率为 50 Hz，LRC 分支参数 R＝1 Ω，L＝0.01 H，C＝inf，仿真算法选择 ode23tb 算法，将相对误差设置为 1e－3；仿真开始时间设置为 0，停止时间设置为 0.1。α＝30°GTO 单相半波整流器仿真结果如图 11-10 所示。

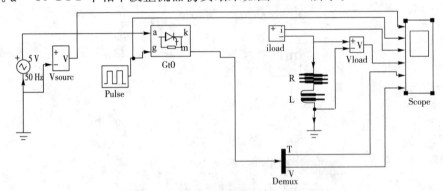

图 11-9　单相半波整流器 Simulink 模型

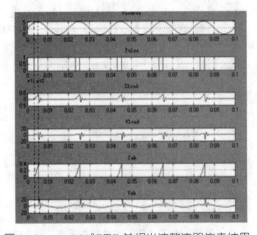

图 11-10　α＝30°GTO 单相半波整流器仿真结果

11.3　IGBT 在 MATLAB 中的实现

IGBT 模型由电阻 Ron、电感 Lon 和直流电压源 Vf 与逻辑信号(g>0 或 g=0)控制的开关串联电路组成,如图 11-11(a) 所示;输入 C 和输出 E 对应于绝缘栅双极型晶体管的集电极 C 和发射极 E,输入 g 为加在门极上的逻辑控制信号 g,输出 m 用于测量输出向量[Iak,Vak],如图 11-11(b) 所示。

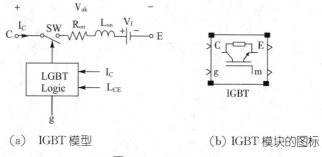

(a)　IGBT 模型　　　　　　　　　　(b) IGBT 模块的图标

图 11-11　IGBT

IGBT 的参数设置如图 11-12 所示。

图 11-12　IGBT 的参数设置

绝缘栅双极型晶体管:

内电阻 Ron

电感 Lon

正向管压降 Vf

电流下降到 10% 的时间 Tf

电流拖尾时间 Tt

初始电流 Ic

缓冲电阻 Rs

缓冲电容 Cs

11.3.1　IGBT 构成的升压变换器建模与仿真

Boost 变换器电路如图 11-13 所示，其等效 Simulink 模型如图 11-14 所示。Boost 变换器仿真结果如图 11-15 所示。

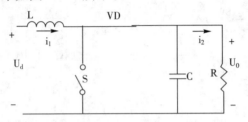

图 11-13　升压变换器电路

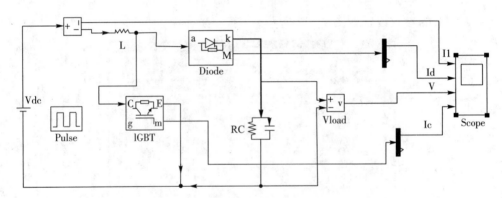

图 11-14　Boost 变换器 Simulink 模型

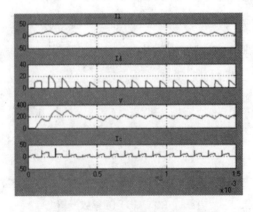

图 11-15　Boost 变换器仿真结果

11.4　晶闸管三相桥式整流器

晶闸管三相桥式整流器如图 11-16 所示

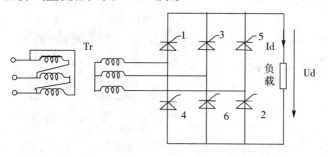

图 11-16　晶闸管三相桥式整流器

晶闸管三相桥式整流器的 Simulink 模型如图 11-17 所示。

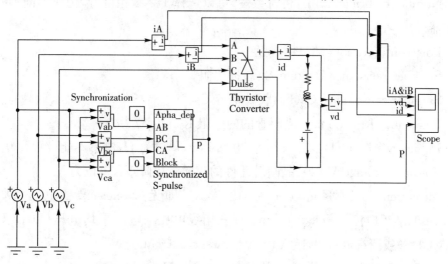

图 11-17　晶闸管三相桥式整流器的 Simulink 模型

11.4.1　整流桥模型

通用桥臂模块(Universal Bridge)如图 11-18 所示。

A、B、C 端子：分别为三相交流电源的相电压输入端子；

Pulses 端子：为触发脉冲输入端子，如果选择为电力二极管，则无此端子；

＋、－端子：分别为整流器的输出和输入端子，在建模时需要构成回路。

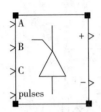

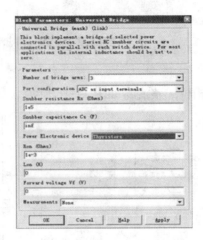

　　图 11-18　通用桥臂模块　　　图 11-19　通用桥臂模块参数设置

　　通用桥臂模块参数设置如图 11-19 所示。

　　Number of bridge arms：桥臂数量，可以选择 1、2、3 相桥臂，构成不同形式的整流器。

　　Port configuration：端口形式设。

　　Snubber resistance Rs(ohms)：缓冲电阻 Rs。

　　Snubber capacitance Cs(F)：缓冲电容 Cs。

　　Resistance Ron(ohms)：晶闸管的内电阻 Ron，单位为 Ω。

　　Inductance Lon(H)：晶闸管的内电感 Lon，单位为 H，电感不能设置为 0。

　　Forward voltage Vf(v)：晶闸管元件的正向管压降 Vf，单位为 V。

　　Measurements：测量可以选择 5 种形式，即无（None）；装置电压（Device voltages）；装置电流（Device currents）；三相线电压与输出平均电压（UAB UBC UCA UDC)或所有电压电流（All voltages and currents）。

　　选择之后需要通过万用表模块（Multimeter）显示。

11.4.2　同步脉冲触发器

　　同步脉冲触发器用于触发三相全控整流桥的 6 个晶闸管，同步 6 脉冲触发器可以给出双脉冲，双脉冲间隔为 60°，触发器输出的 1～6 号脉冲依次送给三相全控整流桥对应编号的 6 个晶闸管。

　　同步脉冲触发器如图 11-20 所示，包括同步电源和六脉冲触发器两个部分。

　　alpha_deg：此端子为脉冲触发角控制信号输入；

　　AB，BC，CA：三相电源的三相线电压输入即 Vab，Vbc，and Vca；

　　Block：触发器控制端，输入为"0"时开放触发器，输入大于零时封锁触发器；

　　Pulses：6 脉冲输出信号。

脉冲同步触发器参数设置如图 11-21 所示。

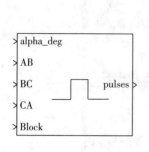
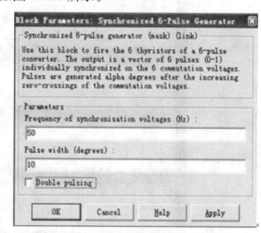

图 11-20　同步脉冲触发器　　　图 11-21　脉冲同步触发器参数设置

Frequency of synchronization voltages(Hz)：同步电压频率(赫兹)；

Pulse width(degrees)：触发脉冲宽度(角度)；

Double pulsing：双脉冲触发选择。

三相线电压具体实现是通过 Voltage Measurement(电压测量)模块。

11.4.3　其他模块

主回路负载这里为了模拟直流电动机模型,选择电阻、电感与直流反电动势构成,电阻、电感模型选择 RLC 串联分支实现。直流反电动势通过直流电源实现,因为电流反向的原因需要将其设为负值,实现反电动势功能。三相交流电源通过三个频率 50、幅值 220、相位滞后 120 交流电压源实现。再加入相应的测量模块和输出模块,完成电气连接,如图 11-22 所示。

仿真算法选择 ode23s 算法,仿真时间为 0～0.05 s,其他参数为默认值。在负载选择 R＝1 Ω、L＝1 mH,反电动势 V＝－5 V 时进行仿真结果如图 11-23 所示。

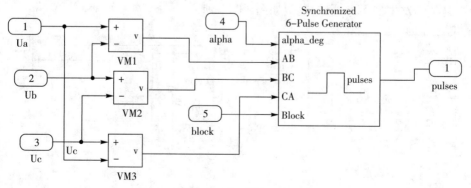

图 11-22　主回路负载

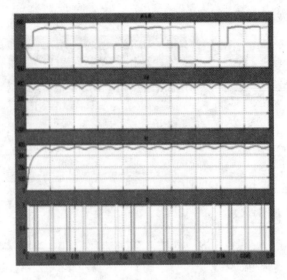

图 11-23 晶闸管三相桥式整流器仿真结果

11.5 PWM 逆变器

PWM 逆变器电路原理图如图 11-24 所示。

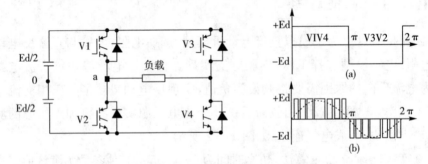

图 11-24 PWM 逆变器电路原理图

PWM 发生器 Simulink 模型如图 11-25 所示。

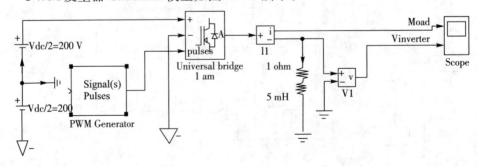

图 11-25 PWM 发生器

MATLAB 在 SimPowerSystems 工具箱的 Extras 库中 Control Blocks 子库下的 PWM 发生器（PWM Generator）如图 11-26 所示。

Signal(s)：当选择为调制信号内部产生模式时，无需连接此端子；当选择为调制信号外部产生模式时，此端子需要连接用户定义的调制信号。

Pulses：根据选择主电路桥臂形式，定制产生 2,4,6,12 路 PWM 脉冲。

(1)PWM 发生器参数设置如图 11-27 所示。

Generator Mode：分别选择为 1-arm bridge（2 pulses）、2-arm bridge（4 pulses）、3-arm bridge（6 pulses）、double 3—arm bridge（6 pulses）。

Carrier frequency（Hz）：载波频率

Internal generation of modulating signal（s）：调制信号内、外产生方式选择信号。

Modulation index（0＜m＜1）：调制索引值 m，调制信号内产生方式下可选，其范围在 0—1 之间。大小决定输出信号的复制。

Frequency of output voltage（Hz）：调制信号内产生方式下可选，输出电压的频率设定。

Phase of output voltage（degrees）：调制信号内产生方式下可选，输出电压初始相位值设定。

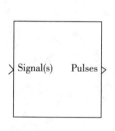
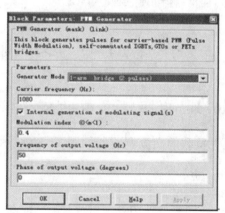

図 11-26　PWM 发生器符号　　　　図 11-27　PWM 发生器参数设置

(2)逆变器模型。

逆变器模型采用通用桥臂构成，其参数设置如图 11-28 所示。

(3)电源模型。

由于逆变器模型为双极性方式，输入典型选择正负两相直流电压源，实现过程将两个直流电压源串联连接，中间接地。二者都设定为 20 V。

(4)其他模型。

在模型窗口中增加输入与输出型中性接地模块各一只；逆变器负载选择

LRC 串联分支,参数为 R=1 Ω,L=2 mH,C=inf;以及输入、输出接地模块和相关的测量和输出模块。

(5)仿真设置与结果输出。

参照模型图进行电气连线完成模型的建立,仿真算法选择 ode15s 算法,仿真时间为 0~0.05 s,其他参数为默认值。其 PWM 发生器仿真结果如图 11-29 所示。

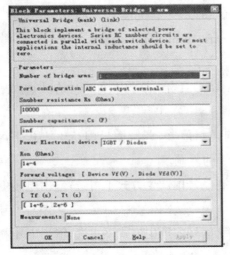

图 11-28　通用桥臂参数设置

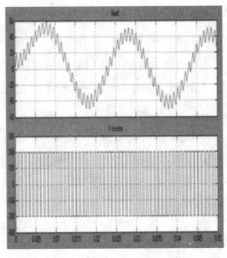

图 11-29　PWM 发生器仿真结果

11.6　交流调压器

11.6.1　电阻性负载的交流调压器

电阻性负载的交流调压器如图 11-30 所示。

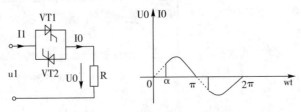

图 11-30　电阻性负载的交流调压器

11.6.2　电阻电感性负载的交流调压器

电阻电感性负载的交流调压器如图 11-31 所示。

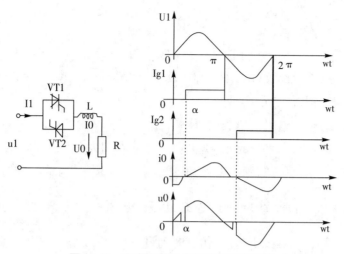

图 11-31　电阻电感性负载的交流调压器

11.6.3　晶闸管交流调压器 Simulink 模型

晶闸管交流调压器如图 11-32 所示。

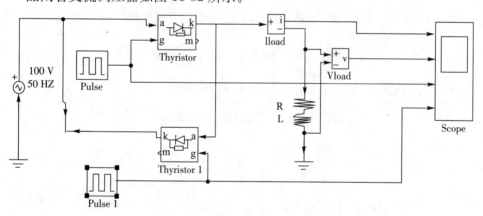

图 11-32　晶闸管交流调压器 Simulink 模型

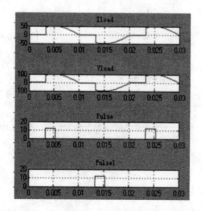

图 11-33　控制角为 60°时的电阻性负载电流、电压和脉冲波形

主要模块参数设置：

交流峰值电压为 100 V、初相位为 0、频率为 50 Hz；

晶闸管参数进行设置：Ron＝0.001 Ω；Lon＝0 H；Vf＝0；Rs＝20 Ω；Cs＝4e－6 F，RC 缓冲电路 Lon＝0.01 H；

负载 RLC 分支，电阻性负载时，R＝2 Ω，L＝0 H，C ＝inf；

脉冲发生器：Pulse 和 Pulse1 模块中的脉冲周期为 0.02 s，脉冲宽度设置为脉宽的 10%，脉冲高度为 12，脉冲移相角通过"相位角延迟"对话框进行设置。

11.6.4　晶闸管单相交流调压电路的仿真结果

仿真算法选择为 ode23tb 算法，仿真时间设置为 0～0.03 s，开始仿真。给出了移相控制角等于 60°时，负载上的电流、电压波形以及触发脉冲波形如图 11-33 所示。

11.7　直流斩波器

直流斩波电路包括降压斩波电路、升压斩波电路和升降压斩波电路。

11.7.1　降压斩波电路的模型及工作原理

降压斩波电路的模型及工作原理如图 11-34 所示。

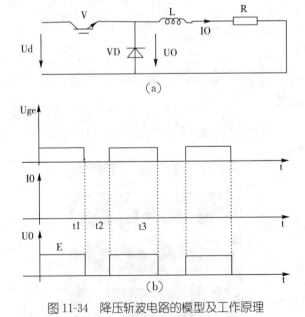

图 11-34　降压斩波电路的模型及工作原理

11.7.2　降压式(Buck)变换器的建模和仿真

降压式(Buck)变换器的 Simulink 模型如图 11-35 所示。

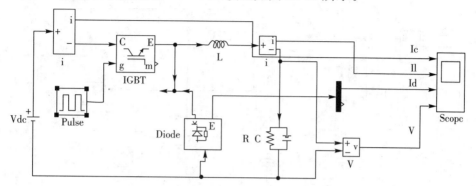

图 11-35　降压式(Buck)变换器的 Simulink 模型

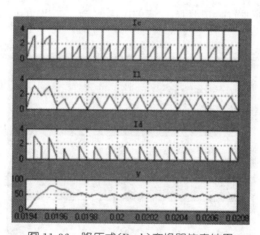

图 11-36　降压式(Buck)变换器仿真结果

主要参数设置：

输入直流电压源 Vdc＝100 V。

负载并联 LRC，设置参数：R＝50 Ω，C＝3e-6 F。

平波电感串联 LRC，参数设置为 148e-5 H。

斩波器选择通用桥臂，功率器件选择 IGBT。

脉冲发生器模块，周期参数设置为 1e-4。

选择 ode23tb 算法，将相对误差设置为 1e-3，开始仿真时间设置为 0.0194，停止时间设置为 20.8e-3，降压式(Buck)变换器的仿真结果如图 11-36 所示。

11.7.3　升压-降压式(**Buck-Boost**)变换器的仿真

升压-降压式(Buck-Boost)变换器模型如图 11-37 所示。

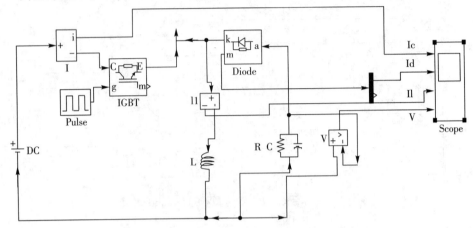

图 11-37　升压-降压式(Buck-Boost)变换器模型

Buck-Boost 变换器中 IGBT 电流、电感电流、二极管和负载电压波形如图 11-38所示。

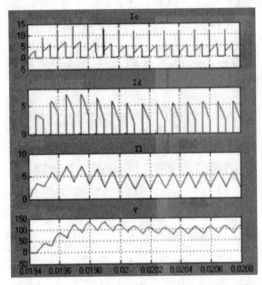

图 11-38　Buck-Boost 变换器中 IGBT 电流、电感电流、二极管和负载电压波形

【**例 11.5**】　某电路如图 5-39(a) 所示,电流 $i(t) = \begin{cases} 10\sin 5t, & t \geqslant 0, \\ 0, & t < 0, \end{cases}$ 试确定 $u(t)$ 的波形。

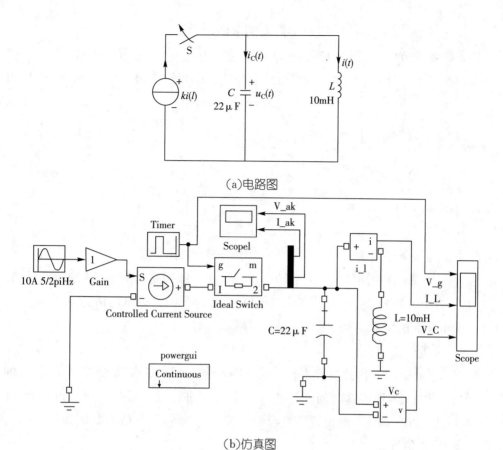

(a)电路图

(b)仿真图

图 11-39　例 11.5 图

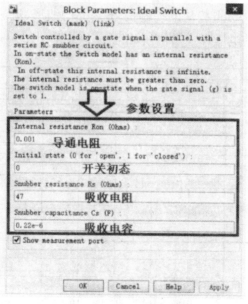

图 11-40　模型参数设置

解:(1)电路分析。

首先,确定 $i(0)$,$u(0)$ 以及参数 k 的取值。

关联参考方向,电容的电流 $i_C(t)$ 的表达式为 $i_C(t) = ki(t) - i(t)$

根据已知条件,当 $t \geqslant 0$ 时,回路总电流的 $i(t)$ 表达式为 $i(t) = 10\sin 5t$,可得

$$i_C(t) = 10(k-1)\sin 5t$$

因此电容的端电压 $u(t)$ 的表达式为 $u(t) = L\dfrac{\mathrm{d}i(t)}{\mathrm{d}t} = L \times 10 \times 5\cos 5t$

并且 $i_C(t)$ 又可以表示为 $i_C(t) = C\dfrac{\mathrm{d}u(t)}{\mathrm{d}t} = -LC \times 10 \times 5 \times 5\sin 5t$

可得

$$-LC \times 10 \times 5 \times 5\sin 5t = 10(k-1)\sin 5t$$

可得参数 k 的值为 $k = 1 - 5.5 \times 10^{-6} \approx 1$

进一步得 $i(0)$ 的值为 $i(0) = 10\sin 0 = 0\,\text{A}$。即回路总的电流初始值为 $0\,\text{A}$。$u(0)$ 的初始值为 $u(0) = 0.5\,\text{V}$,即电容 $C = 22\,\mu\text{F}$ 的初始电压值为 $0.5\,\text{V}$。

Simulink 的仿真模型如图 11-39(b)所示。

(2)设置仿真参数。

单击 Simulink,单击"Configuration Parameters",即启动设置仿真参数的 Simulink 快捷键,将仿真时间的起点和终点分别进行设置,即 Start time:0,Stop time:1,选取"ode23tb",即设置仿真参数如图 11-40 所示,其他为默认参数。

(3)分析仿真。

Ideal Switch 模块的端电压 V_ak 波形和流过它的电流 I_ak 波形如图 11-41 所示,加载在 Ideal Switch 模块的控制信号 V_g 的波形,流过电感的电流 I_L 的波形和加载在电容的电压 V_C 的波形如图 11-42 所示。

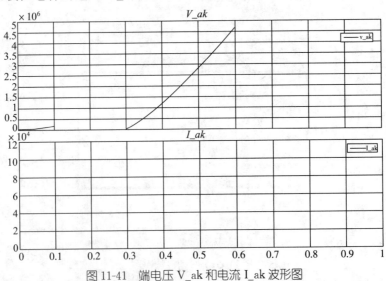

图 11-41 端电压 V_ak 和电流 I_ak 波形图

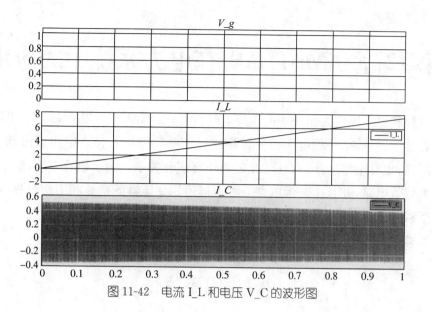

图 11-42　电流 I_L 和电压 V_C 的波形图

第12章　MATLAB 在电力系统中的应用

电感和变压器电力系统中的重要电气设备,变压器原、副边线圈匝数不同,通过电磁感应关系,把一种电压数值转换成另外一种电压数值。变压器内部,既有磁路问题,也有电路问题,而且彼此之间还有耦合关系。为了研究方便,通常将其转化为等效电路,并且用一组电路方程来描述。变压器的特性和工作过程的分析包括空载特性、负载特性、突然合闸、突然短路等,以等效电路和电路方程为基础。

本篇运用 MATLAB 来研究电力系统的动态仿真等问题。

12.1　电感特性

12.1.1　电感系数计算

【例 12.1】　假设某电感线圈匝数 $N = 200$,铁芯长度 $l = 0.3$,截面积 $S = 9 \times 10^{-4}$,空气磁导率 $\mu_0 = 4\pi \times 10^{-7}$,空气隙长度 $l_0 = 0.005$,空气隙截面积 $S_0 = 9 \times 10^{-4}$,相对磁导率 $\mu_r = 100 \sim 1000$,试计算电感系数 L 大小,并绘制电感关于相对磁导率的变化规律曲线。

解:(1)问题分析。

计算电感系数的两个基本公式如下:

磁阻
$$R_m = 1/\mu_r\mu_0 S$$

电感系数
$$L = N^2/R_m$$

将已知条件代入两个公式即可求出电感系数,根据电感系数的数学表达式可以画出电感系数关于相对磁导率的变化规律曲线。

(2)MATLAB 程序如下:

```
%自感系数的分析与计算
clear
%以下赋初值,其中空气磁导率 mu0,线圈匝
数 N,铁心长度和面积分别是 l 和 S,空气隙
的长度和面积分别是
%l0 和 S0
mu0=pi*4.e-7;
N=400;l=0.3;l0=0.0005;S=9e-4;S0=
9e-4;
%以下计算自感系数
Rgas=l0/(mu0*S0);
for n=1:100;    mur(n)=100+(100000
-100)*(n-1)/100;
    R(n)=l/(mur(n)*mu0*S);
```

```
Rtotal＝Rgas＋R(n)；                plot(mur,L)
    L(n)＝N^2/Rtotal；             ％以下设置坐标轴标签
end                                  xlabel('铁心相对磁导率')
％以下绘制自感系数关于相对磁导率的变化          ylabel('自感系数[亨利]')
规律曲线
```

电感关于相对磁导率的变化规律曲线如图 12-1 所示。

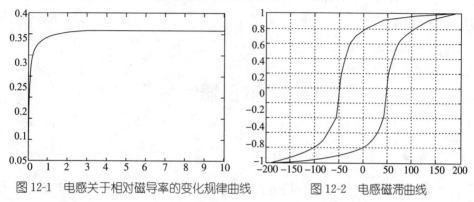

图 12-1　电感关于相对磁导率的变化规律曲线　　　图 12-2　电感磁滞曲线

12.1.2　磁性材料的磁滞回线

【例 12.2】　对某种磁性材料反复磁化,得到的数据如表 12-1 所示,试画出其磁滞回线。

表 12-1　某种磁性材料的磁化数据(50Hz,0.5mm,D23)

	1	2	3	4	5	6	7	8	9	10	11
B	0	0.2	0.4	0.6	0.7	0.8	0.9	1.0	0.95	0.9	0.8
H	48	52	58	73	85	103	135	193	80	42	2
B	0	−0.2	−0.4	−0.6	−0.7	−0.8	−0.9	−1.0	−0.95	−0.9	−0.8
H	−48	−52	−58	−73	−85	−103	−135	−193	−80	−42	−2

解:(1)问题分析。

磁滞回线同样可以反映磁性材料的基本性质,但是由于磁滞回线是一条包络线,无法进行简单的曲线拟合。这里采用 plot 画出磁滞曲线,如图 12-2 所示。

(2)MATLAB 程序如下:

```
clear;                             Bdata＝[0,0.2,0.4,0.6,0.7,0.8,0.9,1,0.95,
％输入磁场强度和磁感应强度的基本数据      0.9,0.8,0.7,0.6,0.4,0.2,0,−0.2,−0.4,−
％磁场强度用 Hdata 表示                0.6,−0.7,−0.8,−0.9,−1,−0.95,−0.9,−
％磁感应强度用 Bdata 表示              0.8,−0.7,−0.6,−0.4,−0.2,0];
```

Hdata=[48,52,58,73,85,103,135,193,80,42, 2,−18,−29,−40,−45,−48,−52,−58,− 73,−85,−103,−135,−193,−80,−42,−2, 18,29,40,45,48];
%绘制磁滞回线
plot(Hdata,Bdata)
hold on
%以下绘制 X 轴坐标线

plot([−200,200],[0,0],′−.′)
grid on

其仿真结果如图 12-2 所示:

12.2　变压器特性

12.2.1　变压器空载运行

【**例 12.3**】　单相变压器空载运行,观察空载电流的大小和励磁电流的畸变情况。

　　解:单相变压器空载运行时,原边电流主要用来产生主磁场,而电路损耗和铁芯损耗很小,因此即使外加电压很大,空载电流仍然很小。同时由于受到磁路饱和的影响,在外加电压为正弦规律变化时,原边电流将畸变为尖项波。运用 Simulink 建立仿真模型,可以很容易观察到这些现象。Simulink 模型如图 12-3 所示:

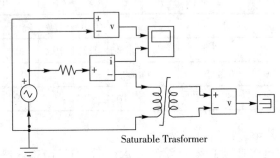

图 12-3　单相变压器空载模型

　　由图 12-3 可见,电压测量模块与电源并联,电流测量模块与电源及变压器原边绕组串联,然后将测量模块的输出分别送至示波器,以观察波形。

　　双击交流电源,单相变压器,示波器等模块,可以进行相应参数设置。其中单相变压器的参数设置比较复杂,涉及供电功率、频率、原边电压、漏电阻、漏电抗、副边电压、变压器磁化曲线(数值)、励磁电阻、剩磁等,现给出其参数设置如图 12-4 所示。

单相变压器空载运行仿真结果如图 12-5 所示。

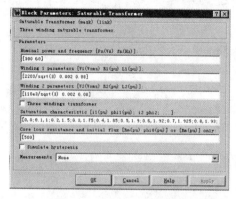

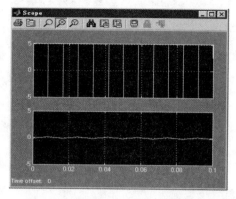

图 12-4　单相变压器参数设置　　　　　图 12-5　单相变压器空载运行仿真结果

12.2.2　变压器负载运行

【例 12.4】　一台单相变压器：$S_N = 10 \text{ kVA}$，$U_{1N}/U_{2N} = 380/220 \text{ V}$，$r_1 = 0.14 \ \Omega$，$r_2 = 0.035 \ \Omega$，$x_1 = 0.22 \ \Omega$，$x_2 = 0.55 \ \Omega$，$r_m = 30 \ \Omega$，$x_m = 310 \ \Omega$。原边加上额定频率的额定电压并保持不变，副边负载阻抗 $Z_L = (4 + 3\text{j}) \Omega$，用 T 型等效电路计算：

①原、副边电流及副边电压；

②原、副边功率因数，功率及效率；

③励磁电流，铁损耗和铜损耗。

解：(1)问题分析。

这是一个典型的变压器负载运行问题，只要按照负载运行的基本步骤进行计算即可。

①首先计算额定电流和变化

$$I_{1N} = S_N/U_{1N} \ , \ I_{2N} = S_N/U_{2N} \ , \ k = U_{1N}/U_{2N}$$

②计算 T 型等效电路中的未知参数

$Z_1 = r_1 + \text{j}x_1 \ , \ r'_2 = k^2 r_2 \ , \ x'_2 = k^2 x_2 \ , \ Z'_2 = r'_2 + \text{j}x'_2 \ , \ Z'_L = k^2 Z_L \ ,$

$Z_m = r_m + \text{j}x_m$

输入阻抗

$$Z_d = Z_1 + \cfrac{1}{\cfrac{1}{Z_m} + \cfrac{1}{Z'_2 + Z'_L}}$$

③计算电流和电压

$$\dot{I}_1 = \frac{\dot{U}_1}{Z_d} \ , \quad -\dot{E}_1 = \dot{U}_1 - \dot{I}_1 Z_1 \ , \quad \dot{I}_2 = k\dot{I}'_2$$

$$\dot{I}_2 = k\dot{I}'_2 , \ \dot{U}'_2 = \dot{I}'_2 Z'_L , \ \dot{U}_2 = \dot{U}'_2/k$$

④功率因数,功率和效率

$$\cos\varphi_1 = \cos(\text{angle}(Z_d)) , \ \cos\varphi_2 = \cos(\text{angle}(Z_L)) , \ P_1 = U_1 I_1 \cos\varphi_1 ,$$

$$P_2 = U_2 I_2 \cos\varphi_2 , \ \dot{I}_m = -\frac{\dot{E}_1}{Z_m} \text{。}$$

⑤损耗。

$$\dot{I}_m = -\frac{\dot{E}_1}{Z_m} , \ I_m = |\dot{I}_m| , \ p_{Fe} = I_m^2 r_m , \ p_{cu1} = I_1^2 r_1 , \ P_{cu2} = I_2^2 r_2$$

(2)MATLAb 程序代码如下:

```
%输入基本数据(equ_jisuan)
SN=10e3;U1N=380;U2N=220;r1=0.14;r2=
0.035;x1=0.22;x2=0.055;rm=30;xm=310;
ZL=4+j*3;
%1 首先计算额定电流和变比
I1N=SN/U1N;
I2N=SN/U2N;
k=U1N/U2N;
%计算 T 型等效电路中的未知参数
Z1=r1+j*x1;
rr2=k^2*r2;xx2=k^2*x2;
ZZ2=rr2+j*xx2;
ZZL=k^2*ZL;
Zm=rm+j*xm;
Zd=Z1+1/(1/Zm+1/(ZZ2+ZZL));
%计算电流和电压
U1I=U1N;
I1I=U1I/Zd;
E1I=-(U1I-I1I*Z1);
I22I=E1I/(ZZ2+ZZL);
I2I=k*I22I;
U22I=I22I*ZZL;
U2I=U22I/k;
%功率因数、功率和效率
cospsi1=cos(angle(Zd));
cospsi2=cos(angle(ZL));
P1=abs(U1I)*abs(I1I)*cospsi1;
P2=abs(U2I)*abs(I2I)*cospsi2;
eta=P2/P1;
%损耗
```

```
ImI=-E1I/Zm;
pFe=abs(ImI)^2*rm;
pcu1=abs(I1I)^2*r1;
pcu2=abs(I2I)^2*r2;
%数据输出
disp('原边电流='),disp(abs(I1I))
disp('副边电流='),disp(abs(I2I))
disp('副边电压='),disp(abs(U2I))
disp('原边功率因数='),disp(cospsi1)
disp('原边功率='),disp(P1)
disp('副边功率因数='),disp(cospsi2)
disp('副边功率='),disp(P2)
disp('效率='),disp(eta)
disp('激磁电流='),disp(abs(ImI))
disp('铁损耗='),disp(pFe)
disp('原边铜损耗='),disp(pcu1)
disp('副边铜损耗='),disp(pcu2)
```

程序运行结果为:
原边电流=25.5752
副边电流=42.7447
副边电压=213.7237
原边功率因数=0.7725
原边功率=7.5072e+003
副边功率因数=0.8000
副边功率=7.3085e+003
效率=0.9735
激磁电流=1.1998
铁损耗=43.1836
原边铜损耗=91.5725
副边铜损耗= 63.9489

12.2.3　变压器空载合闸

【例 12.5】　变压器副边开路,原边突然合闸,观察原边电流和铁芯内主磁通的变化规律。

解:(1)问题分析。

变压器的空载合闸属于典型的过渡过程问题,非常适合采用 Simulink 进行动态仿真,只要按照电路的基本结构搭建 Simulink 仿真模型即可。

需要指出,铁芯内的主磁通 Φ 可以通过空载时的副边电压 U_2 来测量,两者之间的数学关系,即

$$\Phi = -\int U_2 \mathrm{d}t$$

在建立仿真模型时,可以根据上述关系选择相应的仿真模块。

(2)Simulink 模型。

变压器空载合闸模型与变压器空载运行模型的主要区别在于:开关模块和积分模块的使用,其中开关模块用于设置合闸时间,积分模块用来计算铁芯主磁通,变压器空载合闸的 Simulink 模型如图 12-6 所示,两个模块的参数设置如图 12-7 所示。

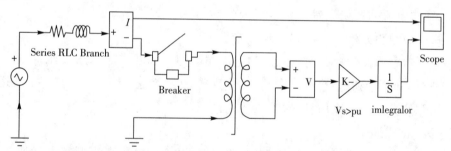

图 12-6　变压器空载合闸的 Simulink 模型

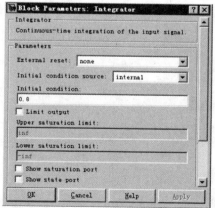

图 12-7　开关模块和积分模块的参数设置

变压器空载合闸的仿真结果如图 12-8 所示。

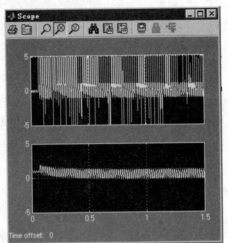

图 12-8　变压器空载合闸的仿真结果

12.2.4　变压器副边突然短路

【例 12.6】　假设变压器负载运行时,保持外加电压不变,副边突然短路,观察原、副边电流的变化规律。

解:(1)问题分析。

变压器副边突然短路时,原、副边电流将瞬间大幅度增加。然后,随着过渡过程的进行逐渐达到稳态值。作为一种特殊的过滤运行状态,同样可以运用 Simulink 仿真平台加以仿真。

(2)Simulink 模型。

变压器副边突然短路仿真模型与变压器空载合闸的仿真模型基本类似,主要区别在于副边增加了负载,并在负载两边并联开关模块,变压器副边突然短路的 Simulink 仿真模型如图 12-9 所示。原、副边两个开关模块的参数设置如图 12-10 所示(注意两个开关的动作时间有所不同)。

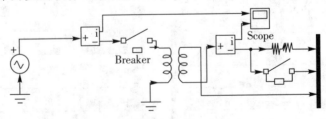

图 12-9　变压器副边突然短路的 Simulink 模型

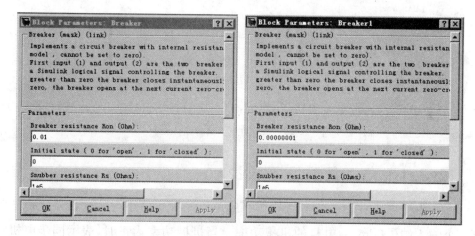

图 12-10 原、副边两个开关模块的参数设置

变压器副边突然短路时,原、副边电流的变化如图 12-11 所示。

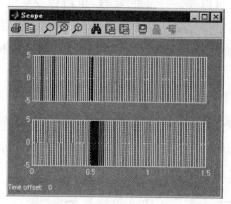

图 12-11 变压器副边突然短路时,原、副边电流的变化

12.3 简易电力系统 Simulink 仿真

单机无穷大电力系统如图 12-12 所示。平衡节点电压 $\dot{V}_0 = 440\sqrt{3}\angle 0°$ V。负荷功率 $P_L = 10\,\text{kW}$。线路参数:电阻 $R_l = 1\,\Omega$;电感 $L_l = 0.01\,\text{H}$。发电机额定参数:额定功率 $P_n = 100\,\text{kW}$;额定电压 $V_n = 440\sqrt{3}\,\text{V}$;额定励磁电流 $i_{fn} = 70$ A;额定频率 $f_n = 50\,\text{Hz}$。发电机定子侧参数:$R_s = 0.26\,\Omega$,$L_1 = 1.14\,\text{mH}$,$L_{md} = 13.7\,\text{mH}$,$L_{mq} = 11\,\text{mH}$。发电机转子侧参数:$R_f = 0.13\,\Omega$,$L_{1fd} = 2.1$ mH。发电机阻尼绕组参数:$R_{kd} = 0.0224\,\Omega$,$L_{1kd} = 1.4\,\text{mH}$,$R_{kq1} = 0.02\,\Omega$,$L_{1kq1} = 1\,\text{mH}$。发电机转动惯量和极对数分别为 $J = 24.9\,\text{kgm}^2$ 和 $p = 2$。当发电机输出功率 $P_{e0} = 50\,\text{kW}$ 时,系统运行达到稳态状态。在发电机输出电磁功率分别为 $P_{e1} = 70\,\text{kW}$ 和 $P_{e2} = 100\,\text{kW}$ 时,分析发电机、平衡节点电源和负载的电流、电磁功率变化曲线,以及发电机转速和功率角的变化曲线。

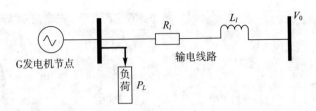

图 12-12   单机无穷大系统结构图

12.3.1   建立系统仿真模型

同步电机模块有 2 个输入端子、1 个输出端子和 3 个电气连接端子。模块的第 1 个输入端子(Pm)为电机的机械功率。当机械功率为正时,表示同步电机运行方式为发电机模式;当机械功率为负时,表示同步电机运行方式为电动机模式。在发电机模式下,输入可以是一个正的常数,也可以是一个函数或者是原动机模块的输出;在电动机模式下,输入通常是一个负的常数或者是函数。模块的第 2 个输入端子(Vf)是励磁电压,在发电机模式下可以由励磁模块提供,在电动机模式下为一个常数。

在 Simulink 仿真环境中打开 Simulink 库,找出相应的单元部件模型,构造仿真模型,三相电压源幅值为 $440\sqrt{3}$,频率为 50 Hz。按图连接好线路,设置参数,建立其仿真模型,仿真时间为 5s,仿真方法为 ode23tb,并对各个单元部件模型的参数进行修改,如图 12-13 所示。

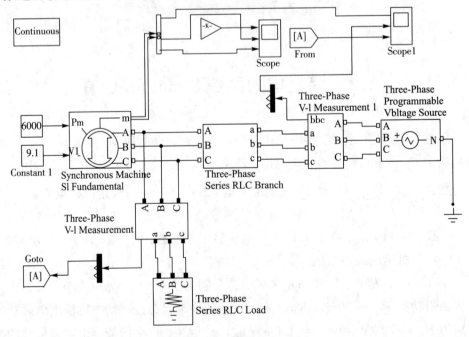

图 12-13   单机无穷大系统 Simulink 模型

发电机 Pm＝6000 时，发电机转速、功率角、功率如图 12-14 所示。其电流波
形如图 12-15 所示。

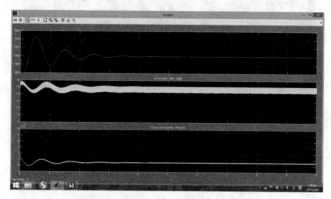

图 12-14　发电机转速、功率角、功率

图 12-15　电流波形

将常数改为 step，PM 由初值 6000 经 5s 后变为 10000 时，发电机转速、功率
角、功率如图 12-16 所示。其电流波形如图 12-17 所示。

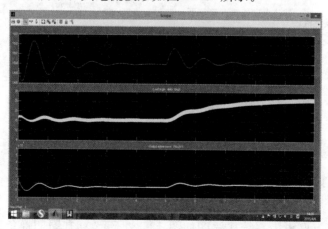

图 12-16　发电机转速、功率角、功率图

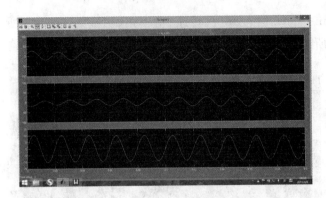

图 12-17　电流波形

从图 12-14 和图 12-16 可以看出,对于发电机曲线中的电机转速,输入机械功率的改变对电机转速无影响;功率角随着功率的增加逐渐变大,且上下振动幅度较大,在稳定值附近不断振荡。当 PM 值改为阶跃信号,输入机械功率从 6000W 变到 10000W 时,负载电流几乎不变,定子电流和电源电流经过一小段时间的振动后均到达稳定值。电机转速、功率角和功率在波动一段时间后又恢复到稳定值。

12.4　电力混沌振荡系统

对于非线性电力系统,由于环境等各种因素的影响,许多电力混沌系统都会受到不确定性的影响,如参数不确定性或未知,未建模动态以及各种外部干扰。就参数确定性而言,混沌系统对参数具有极端的敏感性,即使微小的参数匹配误差也将导致完全不同的行为,并且测量不精确、建模误差、系统的老化等都可能会造成动态系统参数不确定性,而参数不确定性往往是引起系统稳定性下降的重要原因。因此,研究具有不确定性影响下的混沌控制问题非常有必要。

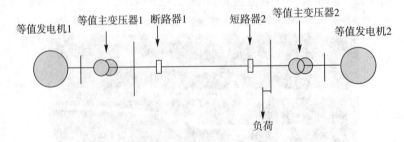

图 12-18　双机互联电力系统

12.4.1　简单双机互联电力混沌系统模型

简单双机互联电力系统接线图如图 12-18 所示,具有周期性负荷扰动的简单电力系统数学模型描述如下:

$$\dot{\delta} = \omega$$

$$\dot{\omega} = -\frac{1}{H}P_s \sin \delta - \frac{D}{H}\omega + \frac{1}{H}P_m + \frac{1}{H}P_e \cos(\beta \cdot t)$$

式中：δ 为发电机转子运行角；ω 是发电机转子速度；P_m、P_s 分别为原动机输出的机械功率、发电机的电磁功率；H 为发电机转子的等值转动惯量；D 为等值阻尼系数；P_e 为扰动功率幅值；β 为扰动功率频率。

当取 $H = 100$，$P_s = 100$，$D = 2$，$P_m = 20$，$\beta = 3$，在初始状态 $(-0.1, 0.1)$ 及 $P_e = 25.93$ 时，其系统时序图及二维相图如图 12-19(a)、(b)所示。

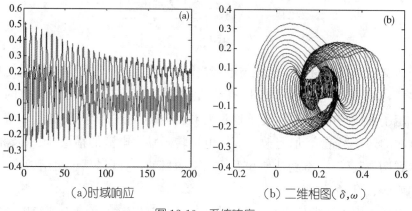

(a)时域响应　　　(b) 二维相图(δ, ω)

图 12-19　系统响应

MATLAB 程序如下：

```
function xdot =commchao(t,x)
global beta
H=100;
Ps=100;
D=2;
Pm=20;
%beta=1;
Pe=25.93;
xdot=[x(2);-Ps * sin(x(1))/H-D * x
(2)/H+Pm/H+Pe * cos(beta * t)/H];
clear all
close all;

global beta
for beta=2:0.01:3;
t0=0; tf=200;
x0=[-0.1;0.1];
[t,x]=ode45('commchao',[t0,tf],x0);
figure(1)
subplot(121)
plot(t,x);
subplot(122)
plot(x(:,1),x(:,2));
pause(0.2)
end
```

12.4.2　双馈风力发电机系统混沌模型

双馈风力发电机组系统如图 12-20 所示。

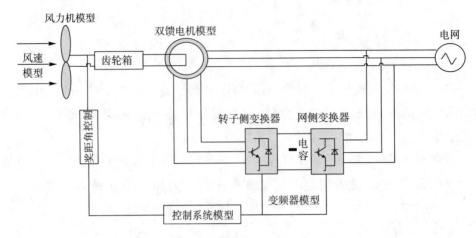

图 12-20 双馈风力发电机组

普通交流电机只有定子才能与电网之间发生能量流动,而双馈电机之所以称为"双馈",就是因为它有两个能量流动通道,其定子、转子都可以与电网交换能量——定子直接与电网连接,转子通过变频器与电网连接,实现能量从定子和转子到电网的两个通道流动,且改变双馈电机转子励磁电流的幅值、频率及相位,就可以达到调节其转速、有功功率和无功功率的目的,这既提高了机组效率,又对电网起到稳频、稳压的作用。

双馈风力发电机的输出功率主要受三个因素的影响:输入风速 V_w,桨距角 β 和叶尖速比 λ。根据贝兹理论,风力机输出的机械功率 P_0 为:

$$P_0 = 0.5 \cdot C_p(\beta,\lambda)\rho\pi r^2 V_w{}^3$$

式中 $C_p(\beta,\lambda)$ 为风能利用系数;ρ 为空气密度;r 为叶轮半径。

对于一个特定的风力机,具有唯一一个使得 C_p 取最大值的叶尖速比,称之为最佳叶尖速比 λ_{opt},λ_{opt} 下对应的 C_p 为最大风能利用系数 C_{pmax}。在风速低于额定风速的情况下,必须控制发电机的转速以保持 λ_{opt} 不变,从而保证风力机捕获最大风能,实现最高发电效率;在风速高于额定风速的情况下,则需要调整桨距角 β,从而限制风力发电机组在额定值下发电.。

同步旋转 dq 轴坐标系下双馈发电机数学模型为:

(1)电压方程。

$$u_{sd} = \frac{\mathrm{d}\psi_{sd}}{\mathrm{d}t} - \omega_n\psi_{sq} + r_s i_{sd},$$

$$u_{sq} = \frac{\mathrm{d}\psi_{sq}}{\mathrm{d}t} + \omega_n\psi_{sd} + r_s i_{sq},$$

$$u_{rd} = \frac{\mathrm{d}\psi_{rd}}{\mathrm{d}t} - \omega_s\psi_{rq} + r_r i_{rd},$$

$$u_{rq} = \frac{\mathrm{d}\psi_{rq}}{\mathrm{d}t} + \omega_s\psi_{rd} + r_r i_{rq},$$

式中 u_{sd} 和 u_{sq} 分别为定子电压的 d 轴和 q 轴分量；u_{rd} 和 u_{rq} 分别为转子电压的 d 轴和 q 轴分量；i_{sd} 和 i_{sq} 分别为定子电流的 d 轴和 q 轴分量；i_{rd} 和 i_{rq} 分别为转子电流的 d 轴和 q 轴分量；$\omega_n, \omega_r, \omega_s$ 分别为同步速、转子转速和 dq 坐标系相对于转子的角速度，$\omega_s = \omega_n - \omega_r$。

（2）磁链方程。

$$\psi_{sd} = L_s i_{sd} + L_m i_{rd},$$
$$\psi_{sq} = L_s i_{sq} + L_m i_{rq},$$
$$\psi_{rd} = L_r i_{rd} + L_m i_{sd},$$
$$\psi_{rq} = L_r i_{rq} + L_m i_{sq},$$

式中 ψ_{sd} 和 ψ_{sq} 分别为定子磁链的 d 轴和 q 轴分量；ψ_{rd} 和 ψ_{rq} 分别为转子磁链的 d 轴和 q 轴分量；L_m 为同轴定、转子绕组间的等效互感；L_s 为两相定子绕组间的自感；L_r 为两相转子绕组间的自感。

（3）转子运动方程。

$$J_g \frac{\mathrm{d}\omega}{\mathrm{d}t} + D_g\omega = p_n(\psi_{rd}i_{sq} - \psi_{rq}i_{sd}) - T_L,$$

式中 J_g 为发电机的转动惯量；D_g 为与转速成正比的转矩阻尼系数；p_n 为转子极对数；T_L 为负载转矩。

可得到

$$u_{sd} = \sigma L_s \frac{\mathrm{d}i_{sd}}{\mathrm{d}t} + (r_s + \frac{L_m^2}{T_r L_r})i_{sd} - \omega_n \sigma L_s i_{sq}$$
$$- \frac{L_m}{T_r L_r}\psi_{rd} - p_n \frac{L_m}{L_r}\omega\psi_{rq},$$
$$u_{sq} = \sigma L_s \frac{\mathrm{d}i_{sq}}{\mathrm{d}t} + (r_s + \frac{L_m^2}{T_r L_r})i_{sq} + \omega_n \sigma L_s i_{sd}$$
$$- \frac{L_m}{T_r L_r}\psi_{rq} + p_n \frac{L_m}{L_r}\omega\psi_{rd},$$
$$u_{rd} = \frac{\mathrm{d}\psi_{rd}}{\mathrm{d}t} + \frac{1}{T_r}\psi_{rd} - \frac{L_m}{T_r}i_{sd} - \omega_s\psi_{rq},$$
$$u_{rq} = \frac{\mathrm{d}\psi_{rq}}{\mathrm{d}t} + \frac{1}{T_r}\psi_{rq} - \frac{L_m}{T_r}i_{sq} + \omega_s\psi_{rd},$$

式中 $T_r = L_r / r_r$ 为转子运动时间常数；σ 为扩散系数，$\sigma = 1 - \dfrac{L_m^2}{L_s L_r}$。

假设 $u_{sd} = u_{sq} = u_{rd} = u_{rq} = 0$，并令 $y_1 = i_{sd}, y_2 = i_{sq}, x_1 = \psi_{sd}, x_2 = \psi_{sq}, \eta_1 = \dfrac{r_s}{\sigma L_s} + \dfrac{L_m^2}{\sigma T_r L_s L_r}, \eta_2 = \omega_n, \eta_3 = \dfrac{L_m}{\sigma L_s T_r L_r}, \eta_2 = \dfrac{p_n L_m}{\sigma L_s L_r}, c_1 = \dfrac{1}{T_r}, c_2 = \dfrac{L_m}{T_r}, c_3 = \dfrac{D_g}{J_g}, c_4 = \dfrac{1}{J_g}, c_5 = p_n, u_1 = \omega_s$。

现存的各种矢量控制技术中,间接矢量控制由于算法简单且对硬件要求低,而被广泛应用于电机控制中。间接矢量控制其实就是利用了矢量控制方程中的转差公式构成转差型磁链开环 PI 矢量控制系统,它能克服基于动态模型矢量控制的不足,间接矢量控制策略可简要描述为

$$u_1 = \overset{\wedge}{c_1} \frac{y_2}{y_1},$$

$$y_1 = u_2^0,$$

$$y_2 = k_p(\omega_{ref} - \omega) + k_i \int_0^t (\omega_{ref} - \omega)(\zeta) \mathrm{d}\zeta,$$

式中 $\overset{\wedge}{c_1}$ 为 c_1 的估计值;k_p 和 k_i 为速度控制器的 PI 参数;ω_{ref} 为参考转速;i_{rd}^0 为表征磁通水平的一个常数。

位置调节函数(第三式)可用比例—微分代替

$$y_2 = k_p(\delta_{ref} - \delta) + k_d \frac{\mathrm{d}(\delta_{ref} - \delta)}{\mathrm{d}t},$$

式中 δ 和 δ_{ref} 分别为转子角和转子参考角。

假设 $k = c_1/c_1$ (k>0),$x_3 = \omega_{ref} - \omega$,$x_4 = y_2$,$\mathrm{k_c} = \mathrm{k_i} - \mathrm{k_p}c_3$,$T_e = T_L + \frac{c_3}{c_4}\omega_{ref}$,$\omega_{ref} = 0$,$\delta_{ref} = 0$,有 $\dot{x}_4 = -k_p\dot{\delta} - k_d\delta = k_p x_3 - k_d\omega$

$= k_c x_3 - k_d c_4 [c_5(x_1 y_2 - x_2 y_1) - T_L]$

其动力学系可以用下面的一个四维常微分方程组来表示:

$$\dot{x} = -ax + ka/my\omega + bm$$

$$\dot{y} = -ay - ka/mx\omega + b\omega,$$

$$\dot{z} = -cz - d[e(-my + x\omega)]$$

$$\dot{\omega} = k_c - k_p d[e(-my + x\omega)]$$

由 2MW 主流双馈发电机的实际参数,可得 $a=14.51$,$b=0.1554$,$c=0.017$,$d=5.29$,$e=3$,并取 $m=10$,$k_p=0.01$,$k_c=k_i-k_p*c$,其中 $ki=0.95$。在系统中 e 和 k 分别作为系统的控制参数,将系统参数 e 和 k 放在较宽区域内研究,发现系统由多个混沌带组成并具有非常复杂的动力学行为,包括混沌态、周期态、准周期态以及倍周期分岔、二次 $Hopf$ 分岔等。当 $a=14.51$,$b=0.1554$,$c=0.017$,$d=5.29$,$e=3$,并取 $m=10$,$k_p=0.01$,$k_i=0.95$,$k=30$ 时系统的典型混沌吸引子如图 12-21 所示。

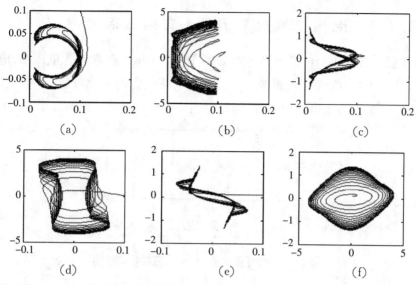

图 12-21 当 e＝3,k＝30 时系统的典型混沌吸引子(a) x,y (b) x,z (c) x,w (d) y,z (e) y,w (f) z,w

MATLAB 程序如下：

```
function xdot ＝commchao(t,x)
a＝14.51;                          m0＝10;
b＝0.1554;                         kp＝0.01;
c＝0.017;                          ki＝0.95;
d＝5.29;                           kc＝ki－kp＊c;
e＝3;                              k＝30;
```

$$xdot＝[-a*x(1)+k*a/m0*x(2)*x(4)+b*m0;-a*x(2)-k*a/m0*x(1)*x(4)+b*x(4);-c*x(3)-d*(e*(x(1)*x(4)-m0*x(2)));kc*x(3)-kp*d*(e*(x(1)*x(4)-m0*x(2)))];$$

```
clc                               subplot(233)
clear all                         plot(x(:,1),x(:,4));
close all;                        xlabel('(c)');
t0＝0; tf＝40;                     subplot(234)
x0＝[0.1;0.1;0.1;0.1];            plot(x(:,2),x(:,3));
[t,x]＝ode45('commchao',[t0,tf],x0);   xlabel('(d)');
figure(1)                         subplot(235)
subplot(231)                      plot(x(:,2),x(:,4));
plot(x(:,1),x(:,2));             xlabel('(e)');
xlabel('(a)');                    subplot(236)
subplot(232)                      plot(x(:,3),x(:,4));
plot(x(:,1),x(:,3));             xlabel('(f)');
xlabel('(b)');
```

12.4.3 电压模式控制 **Boost** 变换器混沌模型

电压模式控制 boost 变换器电路如图 12-22 所示。包含输入电压 E,电感 L,电容 C,开关管,二极管和负载电阻 R。控制电路包含两个比较器,一个反馈比例增益 k,X 为期望的输出电压值,D 为稳态占空比。

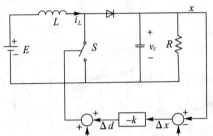

图 12-22　电压模式控制 boost 变换器电路图

在不连续控制运行模式下,系统的离散迭代方程可表示为:

$$x_{n+1} = ax_n + b\frac{f^2(z_n)E^2}{(x_n - E)}$$

其中

$$z_n = -k(x_n - X) + D$$

$$f(z_n) = \begin{cases} 1, & z_n > 1, \\ 0, & z_n < 0, \\ z_n, & \text{其他。} \end{cases}$$

x_n 表示电压状态变量,取参数输出电压 $X = 25$,占空比 $D = 0.2874$,$E = 16$,$a = 0.8872$,$k = 0.13$,一维离散函数映射随参数 $b \in [0,2]$ 范围内变化时的分岔图和 Lyapunov 指数谱如图 12-23 (a)、(b)所示。从分岔图和 Lyapunov 指数对照来看,系统的动力学行为存在 Lyapunov 指数为正的混沌带,也存在 Lyapunov 指数为负的周期状态。

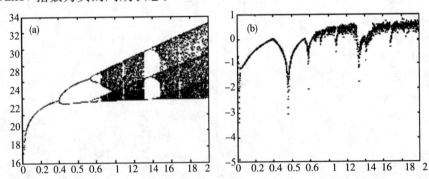

图 12-23　系统(a=0.8872, k=0.13)随参数 $b \in [0,2]$ 变化;(a)分岔图(b) Lyapunov 指数谱

MATLAB 程序如下：

```
clc;
clear all;
close all;
X=25;
E=16;
D=0.2874;
a=0.8872;
%b=1.2;
k=0.13;
x=30;
n=20;
for b=0.01:0.001:2
    for i=1:n
        dn=D-k.*(x-X);
        if dn<0
            f=0;
        elseif dn>1
            f=1;
        else
            f=dn;
        end
        if dn<0
            f1=0;
        elseif dn>1;
            f1=0;
        else
            f1=-k;
        end
        x1=a*x+b*f^2*E^2/(x-E);
p(i)=a+(b*2*f*E^2*f1*(x-E)-b*f^2*E^2)./(x-E)^2;
        x=x1;
        figure(1)
        plot(b,x,'.','markersize',3);
        hold on;
    end
    p=abs(p);
p=log(p);
    yy=sum(p)/n;
figure(2)
    plot(b,yy,'.','markersize',5);
    hold on;
end
```

参考文献

[1]张德丰. MATLAB R2015b 数值计算方法[M]. 北京:清华大学出版社,2017.

[2]郑阿奇. MATLAB 实用教程[M]. 第 4 版. 北京:电子工业出版社,2016.

[3]王正林,刘明,陈连贵. 精通 MATLAB [M]. 第 3 版. 北京:电子工业出版社,2013.

[4]王月明,张宝华. MATLAB 基础与应用教程[M]. 北京:北京大学出版社,2012.

[5]周建兴. MATLAB 从入门到精通 [M]. 第 2 版. 北京:人民邮电出版社,2012.

[6]林旭梅,葛广英. MATLAB 实用教程[M]. 北京:中国石油大学出版社,2010.

[7]刘卫国. MATLAB 程序设计与应用[M]. 第 3 版. 北京:高等教育出版社,2017.

[8]王永国等. MATLAB 程序设计实验指导与综合训练[M]. 北京:中国水利水电出版社,2017.

[9]向万里,安美清. MATLAB 程序设计[M]. 北京:化学工业出版社,2017.

[10]刘帅奇,李会雅,赵杰. MATLAB 程序设计基础与应用[M]. 北京:清华大学出版社,2016.

[11]张岳. MATLAB 程序设计与应用基础教程 [M]. 第 2 版. 北京:清华大学出版社,2016.

[12]蒋珉. MATLAB 程序设计及应用[M]. 第 2 版. 北京:北京邮电大学出版社,2015.

[13]许丽佳,穆炯. MATLAB 程序设计及应用[M]. 北京:清华大学出版社,2011.

[14]张德丰,丁伟雄等,MATLAB 程序设计与综合应用[M]. 北京:清华大学出版社,2012.

[15]张德喜,赵磊生. MATLAB 语言程序设计教程[M]. 第 2 版. 北京:中国铁道出版社,2010.

[16]谢中华等. 新编 MATLAB/Simulink 自学一本通[M]. 北京:北京航空航天大学出版社,2017.

［17］徐国保等. MATLAB/Simulink 实用教程［M］. 北京：清华大学出版社，2017.

［18］李献，骆志伟，于晋臣. MATLAB/Simulink 系统仿真［M］. 北京：清华大学出版社，2017.

［19］周俊杰. Matlab/Simulink 实例详解［M］. 北京：中国水利水电出版社，2014.

［20］张化光，刘鑫蕊，孙秋野. MATLAB/SIMULINK 实用教程［M］. 北京：人民邮电出版社，2009.

［21］Mohand Mokhtari 等. MATLAB 与 SIMULINK 工程应用［M］. 北京：电子工业出版社，2002.

［22］陈鹏展等. MATLAB 仿真及在电子信息与电气工程中的应用［M］. 北京：人民邮电出版社，2016.

［23］张德丰. MATLAB/Simulink 电子信息工程建模与仿真［M］. 北京：电子工业出版社，2017.

［24］杨发权. MATLAB R2016a 在电子信息工程中的仿真案例分析［M］. 北京：清华大学出版社，2017.

［25］候艳丽等. MATLAB 仿真及电子信息应用［M］. 北京：人民邮电出版社，2016.

［26］马向国，刘同娟. MATLAB&Multisim 电工电子技术仿真应用［M］. 北京：清华大学出版社，2013.

［27］徐明远，徐晟. MATLAB 仿真在电子测量中的应用［M］. 西安：西安电子科技大学出版社，2013.

［28］陈怀琛等. MATLAB 及在电子信息课程中的应用［M］. 第 4 版. 北京：电子工业出版社，2013.

［29］王华，李有军. MATLAB 电子仿真与应用教程［M］. 第 3 版. 北京：国防工业出版社，2010.

［30］张德丰. MATLAB 在电子信息工程中的应用［M］. 北京：电子工业出版社，2009.

［31］唐向宏等. MATLAB 及在电子信息类课程中的应用［M］. 第 2 版. 北京：电子工业出版社，2009.

［32］王洪元. MATLAB 语言及其在电子信息工程中的应用［M］. 北京：清华大学出版社，2004.

［33］韩利竹，王华. MATLAB 电子仿真与应用［M］. 第 2 版. 北京：国防工业出版社，2003.

［34］陈晓平等. MATLAB 在电路与信号及控制理论中的应用［M］. 合肥：中

国科学技术大学出版社,2008.

[35]赵广元. MATLAB 与控制系统仿真实践[M]. 第 3 版. 北京:北京航空航天大学出版社,2016.

[36]唐穗欣. MATLAB 控制系统仿真教程[M]. 武汉:华中科技大学出版社,2016.

[37]张德丰. MATLAB 控制系统设计与仿真[M]. 北京:清华大学出版社,2014.

[38]杨莉等. MATLAB 语言与控制系统仿真[M]. 哈尔滨:哈尔滨工程大学出版社,2013.

[39]赵景波. MATLAB 控制系统仿真与设计[M]. 北京:机械工业出版社,2010.

[40]吴晓燕,张双选. MATLAB 在自动控制中的应用[M]. 西安:西安电子科技大学出版社,2006.

[41]刘坤. MATLAB 自动控制原理习题精解[M]. 北京:国防工业出版社,2004.

[42]夏玮,李朝晖等. MATLAB 控制系统仿真与实例详解[M]. 北京:人民邮电出版社,2008.

[43]潘晓晟,郝世勇. MATLAB 电机仿真精华 50 例[M]. 北京:电子工业出版社,2007.

[44]李维波. MATLAB 在电气工程中的应用实例[M]. 第 2 版. 北京:中国电力出版社,2016.

[45]隋涛,刘秀芝. 计算机仿真技术:MATLAB 在电气、自动化专业中的应用[M]. 北京:机械工业出版社,2015.

[46]苏小林,赵巧娥. MATLAB 及其在电气工程中的应用[M]. 北京:机械工业出版社,2014.

[47] William Bober, Andrew Stevens. MATLAB 数值分析方法在电气工程中的应用[M]. 北京:机械工业出版社,2014.

[48]周又玲. MATLAB 在电气信息类专业中的应用[M]. 北京:清华大学出版社,2011.

[49]于群,曹娜. MATLAB/Simulink 电力系统建模与仿真[M]. 第 2 版. 北京:机械工业出版社,2017.

[50]吴天明,赵新力等. MATLAB 电力系统设计与分析[M]. 第 3 版. 北京:国防工业出版社,2010.